U0836278

室内设计表现档案

Interior Design Presentation Files

公共空间 ● 伍

Public Space

（第二辑）

丛书主编：董　君

本册主编：赵胜华

中国林业出版社

图书在版编目（CIP）数据

室内设计表现档案. 第2辑. 公共空间 / 董君主编. -- 北京 : 中国林业出版社, 2016.4

ISBN 978-7-5038-8461-0

Ⅰ. ①室… Ⅱ. ①董… Ⅲ. ①公共建筑—室内装饰设计 Ⅳ. ①TU238

中国版本图书馆CIP数据核字(2016)第057432号

室内设计表现档案 —— 公共空间（第2辑）

◎ 编委会成员名单

从书主编：董　君
本册主编：赵胜华
编写成员：董　君　赵胜华　石　芳　王　超　刘　杰　孙　宇　李一茹
姜　琳　赵天一　李成伟　王琳琳　王为伟　李金斤　王明明
王　博　徐　健

◎ 从书策划：先锋文化
◎ 特别鸣谢：中国建筑装饰协会

中国林业出版社 · 建筑与家居出版分社

出版：中国林业出版社 （100009 北京西城区德内大街刘海胡同 7 号）
网址：www.cfph.com.cn
E-mail：cfphz@public.bta.net.cn
电话：（010）8314 3581
发行：新华书店
印刷：北京卡乐富印刷有限公司
版次：2016年5月第2版
印次：2016年9月第1次
开本：170mm × 230mm　1/16
印张：14
字数：150千字
定价：99.00 元

CONTENTE

E1_外观；E2_等候大厅；E3_进站走廊

01/ 苏州火车站

项目名称：苏州火车站
设计师：郭晓明、顾建英、李晨晨、张明晓、张磊、冀勉

室内设计采用苏州园林的灰檐、栗色木、白粉墙等造园元素，秉承建筑语言，按照舒宜的建筑尺度调和稳定，使之与自然相融，营造清雅、宁静的氛围。白粉墙本身高洁，与灰色基调地面对比，破除可能出现的沉闷感。在公共建筑的大气中，用写意的手法诠释出清幽雅致的江南文化气息。

采用现代方式，在色彩、质感、空间形态上挖掘苏州园林的神韵 。色彩方面以白色、灰色、栗色的传统古建颜色为主。形态上顶面的栗色菱形杆件的运用丰富了空间。

采用系统、完整、现代的出站、进站、候车、检票、托运等车站基本功能导视系统。屏幕采用*LED*技术，给入站旅客以清晰明确的指引，提高车站整体运作效率。考虑交通建筑人流多的特点，加设自动扶梯以及横向联系的天桥，做到便利人流疏散、缓解旅客疲劳。

为了营造宜人的光环境，注重了光的“质”与“量”；注重对自然光与人工光的处理。避免阳光直射室内，柔化光线。在人工光方面，设计了一定量的漫反射光，即使在夜晚也给人一种踏实感、归属感。

东方水城

苏州站旅客列车到开时刻及候车地点

E4_进站走廊；E5_休息室；E6_中庭

E1_展厅入口；E2、3_松花砚展厅

02/ 江源博物馆

项目名称：江源博物馆
设计公司：吉林潜龙装修工程有限公司

本案总体空间布局采用中国传统庭院模式与现代广场模式相穿插的手法。照明运用漫反射光源、点光源与自然天光相结合，配合舒畅的空间流线，营造出自然怡人并极具年代感的空间氛围。文化石装点的隔墙，配以木雕花饰的窗扇，阅览者行走其间，仿佛踏着历史的文化脉络，体会到历史的厚重沉积以及令人振奋的活力。

E4_松花砚展厅；E5、6_开放式休息区

*E7、8*_现代江源展厅；*E9*_地质矿产展厅；*E10*_人文历史展厅

E1_入口；E2_休息区

03/ 某援外会议中心

项目名称：某援外会议中心
项目地址：广东广州

公共空间的处理更多以开放多元化的意象形态出现，强调空间界面的大气与简约，便于作为公共艺术空间的灵活性以及可持续利用性，避免使用过程中不必要的无意义消耗。空间运用了点、线、面的几何形体，在简约中把握细节，尊重原有的空间结构，尽量保持原有的美。在设计手法上灵巧地运用不同材质、造型把整个空间有机地融为一体。整体空间为暖色调，柔和的色彩搭配，棱角分明的几何形体，严肃中带有几分活泼的异域风情的民族纹样，多种装饰手法并举，传递了国际交流场所的友好氛围。

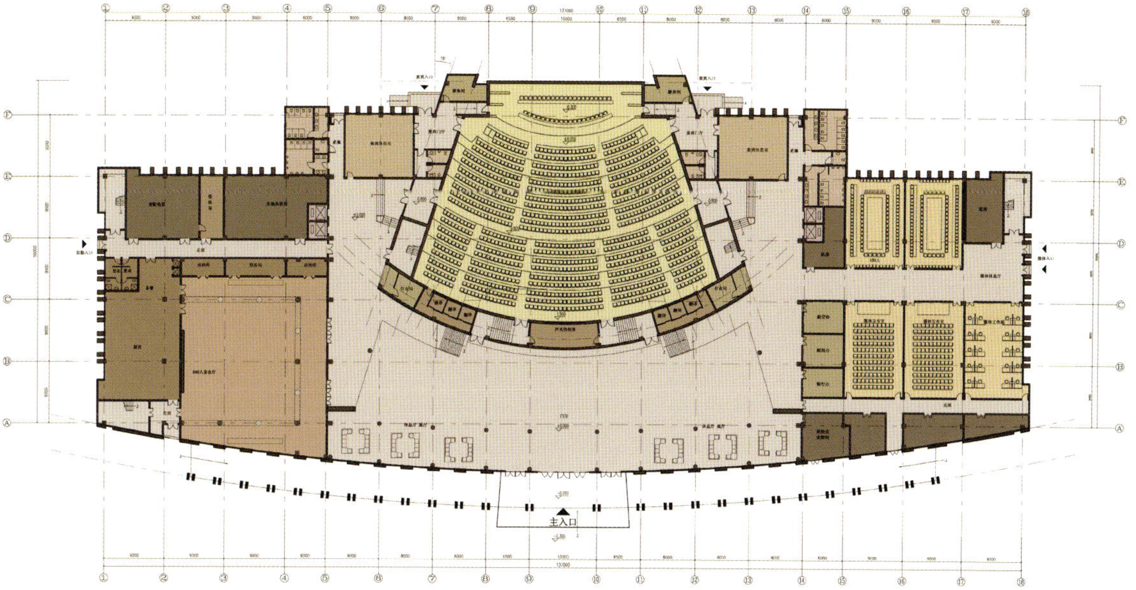
主入口

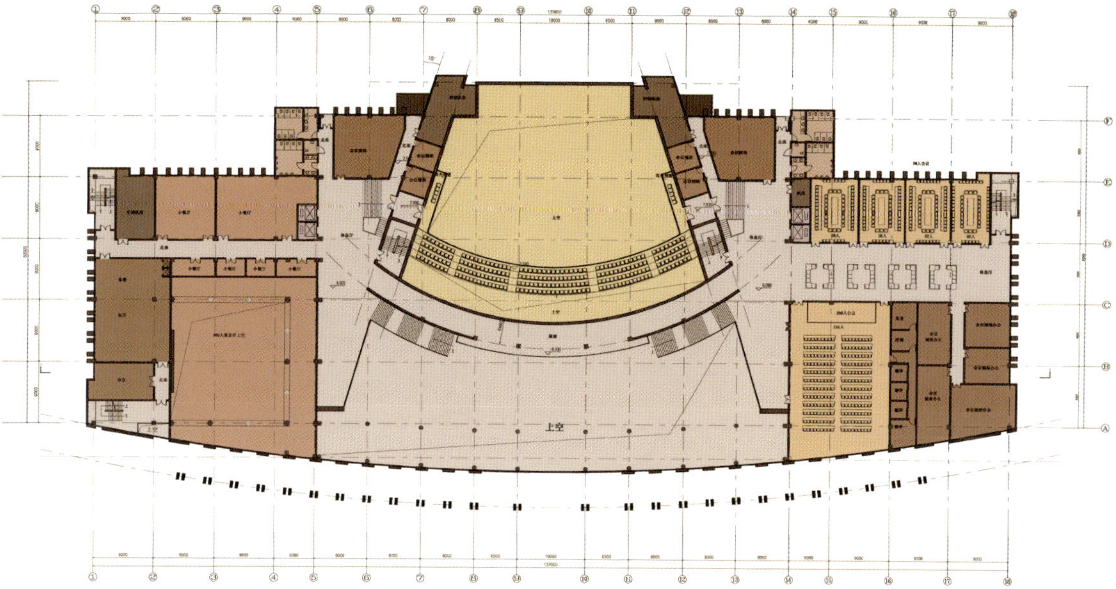

E3_宴会厅；E4_小会议室；E5_大型会议室

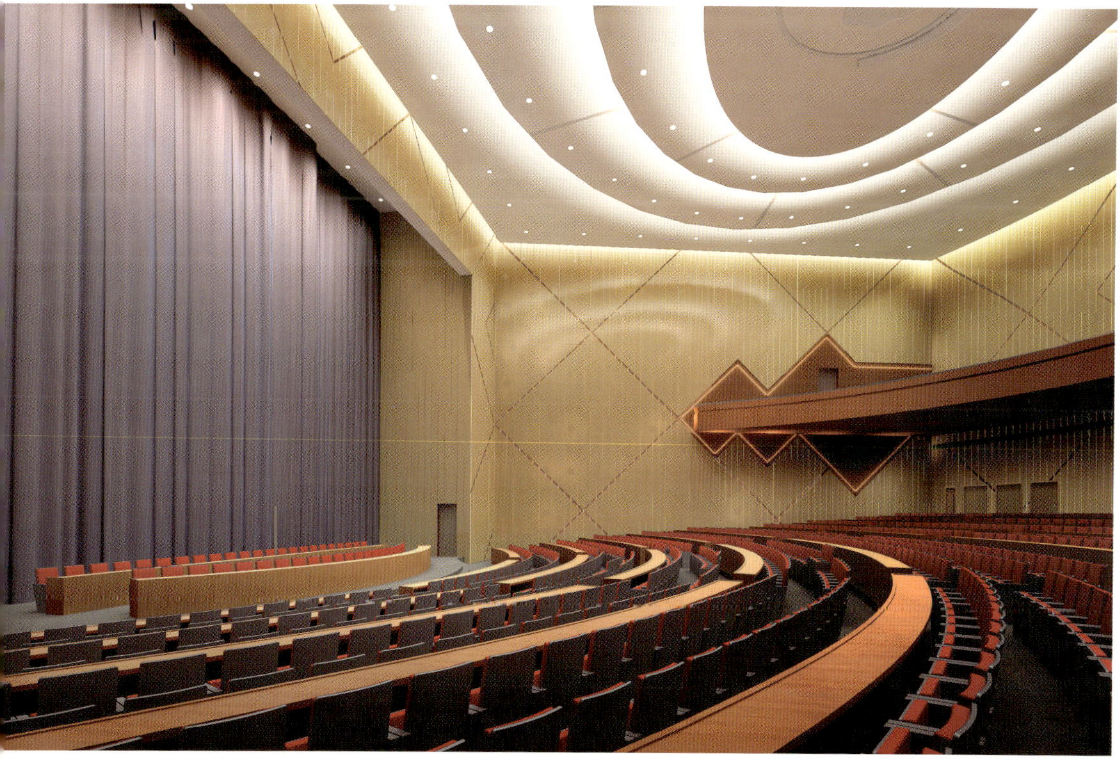

E1_规划图；E2_外景

04/ 内蒙医学院

项目名称：内蒙医学院
项目地址：内蒙古呼和浩特

本案本着现代建筑的理念，以钢筋混凝土为主要建筑材料，延续着古罗马建筑家维特鲁耶的经典名作《建筑十书》中提出的建筑的三个标准：坚固，实用，美观。橙色的框架与反光映射力极强的玻璃幕墙相结合，材质与色彩的反差使建筑显得高大结实。整面的玻璃幕墙仿佛映射出了一幕现实的电影。主楼周围的配楼形式与整体风格相呼应，棱角分明的结构，体现了现代建筑的结构稳固又活力四射的特点。

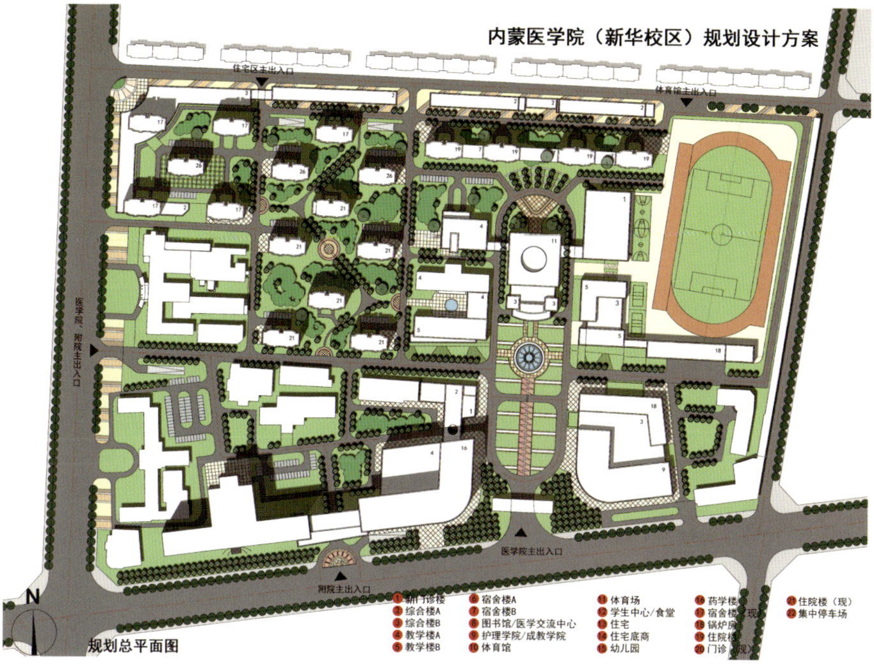
内蒙医学院（新华校区）规划设计方案
住宅区主出入口
体育馆主出入口
医学院、附院主出入口
医学院主出入口
附院主出入口
N
1 新门诊楼
2 综合楼A
3 综合楼B
4 教学楼A
5 教学楼B
6 宿舍楼A
7 宿舍楼B
8 图书馆/医学交流中心
9 护理学院/成教学院
10 体育馆
11 体育场
12 学生中心/食堂
13 住宅
14 住宅底商
15 幼儿园
16 药学楼
17 宿舍楼 现
18 锅炉房
19 住院楼
20 门诊 现
21 住院楼（现）
22 集中停车场
规划总平面图

E1、2_入口；E3_接待台

05/ 昆山文化艺术中心

项目名称：昆山文化艺术中心
项目地址：江苏昆山

该项目设计灵感取自于昆曲中灵动飘逸的水袖，以江南水乡为意象表达，建筑形态与周边环境达到了完美的融合。室内大堂是建筑与外环境意境的又一次延伸，高大的玻璃幕墙，使公共空间简约自然，宽敞明亮。灵动的雕塑飘荡在大堂顶空。节奏感强的大理石拼接墙面蜿蜒曲折。会议中心大气华贵，婉约中又透露出江南的文化韵味。多功能厅齐全的功能性和现代的设计感并举，视听空间采用了现代高科技的声光电系统，正面墙用吸音板装饰，不仅使空间美观，也起到了吸音隔音的功能作用。让游走于其中的人们享受艺术熏陶的同时亦能感悟到现代建筑的无限魅力。

function Theatre

E4_休息区；E5_会议室；E6_豪华包间

E7_商业区；E8_放映室；E9_T型台

*E1*_规划图；*E2*_入口；*E3*_通道景观

06/ 肃宁档案馆

项目名称：肃宁档案馆
设计师：黎代武

肃宁档案馆位于河北省沧州市肃宁县，占地面积约*10000*平方米，建筑面积*7000*平方米，项目类别为文化体育类。肃宁档案馆的特色在于建筑本身与周边景观有机融合，整体建筑采用环形的，部分镂空的红砖将两栋独立建筑体包围起来，形成了一个肃穆、庄重，影影绰绰的生态柱。建筑的“第五立面”采用了自然低碳的草坪作为材质，建筑与景观融为一体。内部建筑主体为白色序列的柱体，透明的玻璃幕，强烈的竖线条凸显出建筑的高大挺拔。

肃宁档案馆
Suning archives

*E1*_木雕厅序厅；*E2*_木雕厅展厅

07/ 广东省博物馆

项目名称：广东省博物馆
项目地址：广东广州

广东省博物馆是广州新中轴线上最靓丽的风景线之一，具有“月光宝盒”之称，总建筑面积*18700*平米，其中新建大楼*12300*平米，陈列面积达*6000*平米。采用巨型桁架悬吊结构体系，这种悬吊结构体系，在国内尚属罕见，在境外也只有德国宝马汽车大厦、香港汇丰银行等极少个案。广东省博物馆的主要使命是对文化瑰宝的收藏，保护和展示，因此该馆的设计紧密贴近广东地域文化，结合绿色建筑技术系统，提供多种可能的灵活的展厅布局、清晰的流线组织，借助文化石、青砖、仿古亭廊的装饰手段，打造出了粤博海纳百川、古今并包的风格气度。灵动的光线赋予展示的文物活力和生气。行走其间，人们不仅可以获取知识，也是提高修养，促进互动与交流的理想场所。

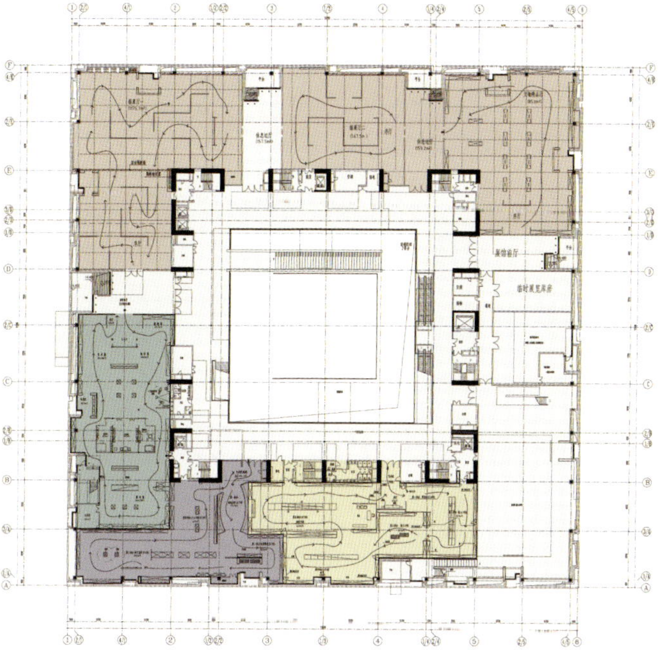

潮州民居梁架结构复原

E3_端砚厅序厅；E4_书画厅序厅；E5_陶瓷厅序厅；E6_陶瓷厅展厅

馆藏历代陶瓷展览
Ceramic Collection exhibition history

E1_旅客活动平台；E2_地下交通

08/ 苏州工业园区站

项目名称：沪宁铁路 苏州工业园区站
设计师：包岳良、曾世峰、陈翰智、陆雅萍等

主要设计理念是利用传统的解构手法将隐含在精致现代空间之下的古典元素焕发出来，真正做到了让“古典文明与现代文化交相辉映”。交通组织功能：“换乘”是车站的主要功能；目标：快速、高效、节能；重点：合理的分流是设计的重中之重。设计定位：旅游集散中心、中心商务区通道、站前绿色长廊。

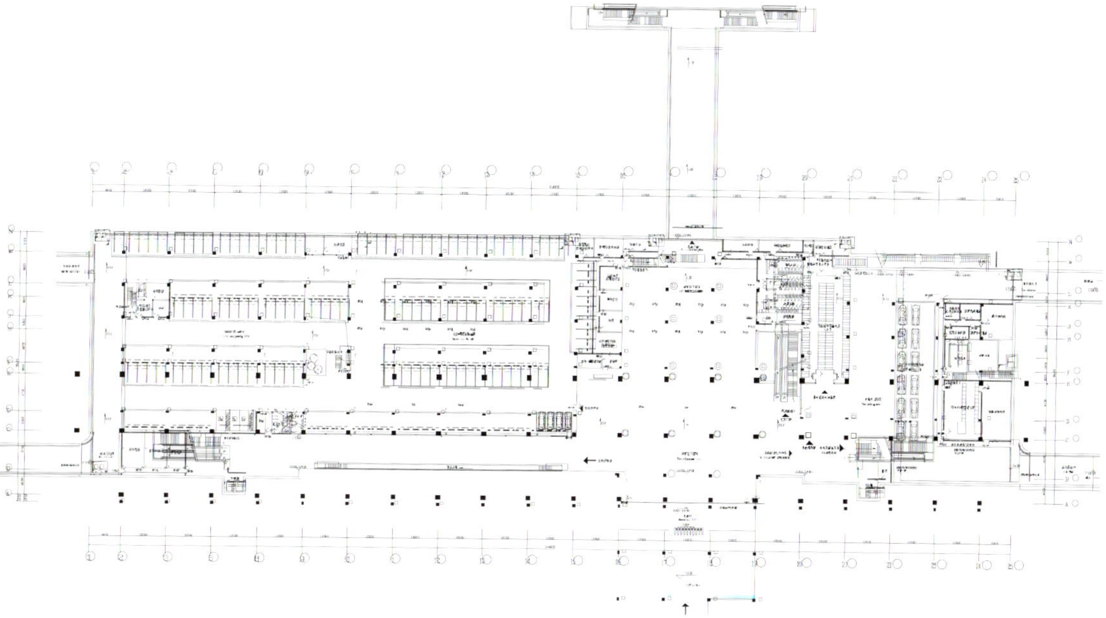

E3_地下交通；E4_北广场通道；E5_公共通道；E6_停车场

E1_下沉广场；E2_1号天井；E3_2号天井

09/ 昆山南站人民广场

项目名称：昆山南站人民广场及地下空间装饰工程
设计师：包岳良、曾世峰、陈翰智、陆雅萍等

涟漪：“建筑立意 — 元素提取 — 矢量变化 — 效果再现”。水因机而动，因动而活，因活而进，故有无限生机，有“生机”才有“商机”；鹅卵石：“本质 — 分解 — 寓意 — 呈现”。“阴阳者，天地之大理也”。构成了万事万物，隐喻着本项目生存、发展、变化、运动的总规律；荷花：“传承 — 写意 — 化境 — 融合”。“荷者，和也！”既是对建筑语言的传承，也是对交通建筑和商业空间贯通融合的最好诠释；藕荷：“寻源 — 诉本 — 抽象 — 重生”。“因荷得藕”是一段情，“藕荷相连”是一种境。此情此境，无不揭示了本案建筑与景观，室内与室外无处不在的紧密联系。

Entran
Shopping Center Entrance
Grill · Dining
LAGERFELD

E4_3号天井；E5_4号天井；E6_5号天井；E7_6号天井

LAGERFELD
Grill · Dining

E1_文化馆门厅；E2_入口前厅

10/ 太仓文化艺术中心

项目名称：太仓文化艺术中心
设计师：包岳良、曾世峰、陈翰智、陆雅萍等

太仓文化艺术中心地处太仓经济技术开发区的核心区域内，建筑设计外形简洁大气、内部空间和谐圆润，空间内外相互渗透、虚实结合，体现了简约而富有内涵的艺术风格。

室内设计与建筑外部形态风格统一，从艺术形式中提取灵感，以江南丝竹和水文化为设计主题，合理利用材料和色彩光影，运用明暗对比、虚实相生的设计手法，配合建筑设计的立意，表现自然和灵动的文化艺术氛围。

本案设计既有统一的形象，又有体现精巧的细节处理和深入的人性化设计思想。使建筑本身和室内空间紧密结合，相互穿插渗透，达到轻盈、优雅、通透及高效节能的效果，给人以独特柔和细腻的舒适感。整体设计手法简洁干练，传统文化元素整合贯穿其中，体现了太仓文化艺术中心特有的形象与气质。

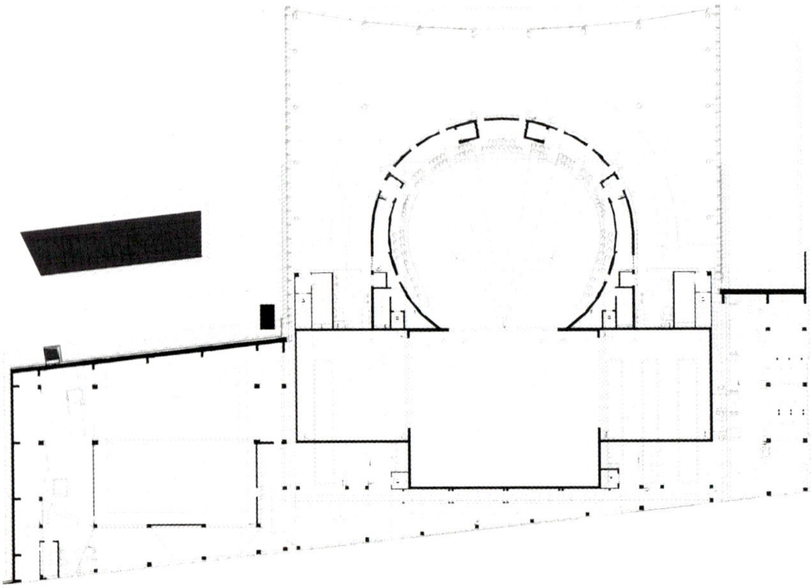

*E3*_展示休息区；*E4*_文化小剧场；*E5*_文化大剧场

E1_规划图；E2、3_外观

11/ 某图书馆设计

项目名称：某图书馆设计
设计师：黎代武

西哲有云：建筑是凝固的音乐，建筑是一部石头的史书。此图书馆就融合了许多音乐的元素，运用了钢筋混凝土来书写建筑的史书。本案图书馆设计运用了青砖与红砖材质、钢筋混凝土与大面积玻璃幕墙等现代装饰材料打造成了时尚的大学城图书馆设计。钢结构，玻璃与青砖饰面形成时尚与古典的搭配，突出了现代建筑的文化韵味。平面布局灵活，空间变化有序，将建筑空间结合自然环境自由延伸，使其不仅仅满足了自身的功能性要求，还成为一件地标性建筑佳作。

图
书
馆

E1、2_一层序厅通道；E3_一层电梯

12/ 无锡市会展中心

项目名称：无锡市会展中心
设计师：包东群、包松良、盖晓军

无锡市会展中心位于无锡新区。项目建设功能为会展服务功能用房，集展览、酒店（行政、办公、会议、餐饮、住宿）多种功能为一体。本次装饰设计为一期工程。一层为门厅、展厅、餐饮及部分设备用房。6.00米标高夹层处为贵宾休息室及空调、配电用房。二层为门厅、展厅、餐饮、部分设备用房和卸货平台。

室内设计风格定位：作为展览中心并具备会议、宴会等多功能使用要求的现代通用展会空间，我们提倡以简洁、明快、流畅、轻盈、时尚、精致等词语来表述空间的基本特征，其最终目的无非为达到其如下基本要求：充足的空间包容度；流畅的空间品质特征；综合性，多功能性。

E4_一层休闲餐厅；E5_二层休闲餐厅；E6_二层多功能展厅；E7_二层多功宴会厅

DELTA MOTOR

E1_一层门厅；E2_一层序厅；E3、4_一层历史厅

13/ 镇江规划馆

项目名称：镇江市规划展示馆
项目地址：江苏镇江

“挹古、扬今、展望未来”是规划馆设计的核心主题，我们以“七巧板”的元素贯穿于整个空间，并大胆的将建筑、景观、艺术品、室内装饰的设计思路进行借鉴和使用，期待可以奉献出一个“简洁、现代、空间明快、造型震撼、突破传统”的现代展馆。

整个一楼的展示设计紧扣“挹古、扬今、展望未来”的核心主题，可以让参观者深刻的记住两大传播要素——镇江，历史悠久，名人辈出；如今，用心规划，全力保护！

二层：用一幅画卷展示经过精心规划后的美丽家园，涉及到领导关怀、特色景区、城市建设、环境保护、经济发展、文体卫生等比较全面的内容，犹如一幅展开的长卷，把镇江的建设成就进行了系统的阐述。整个设计，紧扣核心主题，可以让参观者对今日镇江的巨大变化，留下深刻的印象。

三层：展望未来。仍然紧扣“挹古、扬今、展望未来”的核心展示主题。将未来发展的美好蓝图进行充分的展示。在整个空间色彩的处理上，加入了一些蓝色的格调，以营造出未来的科技感。通过“敞开式展示空间、幻影成像系统、自由互动区域、阶梯式对比装置、科技环幕影院、360度CAVE系统”等一系列具有震撼视觉效果的展项，全方位描绘镇江的美好未来。

一层功能区域图

二层功能区域图

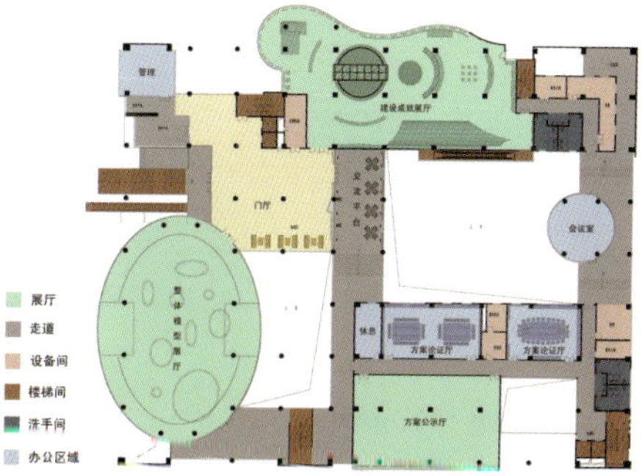

E5_一层城市厅入口；
E6_一层城市厅人文篇；
E7_一层名城保护厅；
E8_一层规划保护厅

E9_二层《扬今》馆；
E10_二层《扬今》公告馆；
E11、12_二层《扬今》家园变化及未来；
E13、14_二层《扬今》休闲和交流区

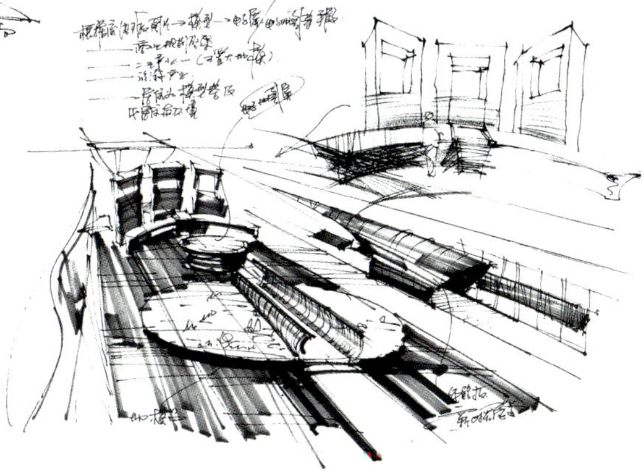

E15、16_手绘表现；
E17_三层《扬今》居住发展；
E18、19_三层《腾飞》科技；
E20_三层《腾飞》银幕

*E1*_地铁入口；*E2*_站厅；*E3*_站台

14/ 轨道一号线新区段

项目名称：苏州轨道一号线新区段
设计师：刘皆谊、喻新如、马林

地铁一号线是苏州人民实现地铁梦想的幸福旅程！一号线的“一轴两翼”东西向发展连接的大规划轨道交通线网形态，表达的是：“以换乘枢纽为中心，交通走廊为主体，城市发展方向为视野”的国际设计理念！很有幸，我们能参加这次地铁新区段的设计。在苏州生活的我们能更深切的体会到古老城市与快节奏现代生活的冲突：交通不便！由此设计出贴切的主题：高新区段“生活—苏州”！同时，以安全、适用、经济与美观为总体原则。强调大量运用节能、耐用、防污的材料与生态的设计手法，引用自然光与绿化。将轨道空间塑造为具备“亲民、安全、适合人使用”特性的城市公共空间。

1 号线
3 号线

3 号线
开往木渎方向
1 号线乘车

E4、5_站台；E6、7_进出站厅闸机

3
出口
Exit
4

4
出口
Exit
1
客服中心
CustomerServiceCentre

*E1*_建筑全景；*E2*_文化大厅

15/ 北川羌族自治县文化中心

项目名称：北川羌族自治县文化中心
设计师：郭晓明、冀勉、顾大海、江鹏

北川是巴蜀文明、华夏文明的起源地之一，是大禹的降生之地。北川是全国唯一的羌族自治县。北川新县城是“*5.12*”汶川特大地震灾后恢复重建中唯一一个异地新建的县城。

室内设计秉承建筑“碉楼、坡顶、木构架”的设计主题及“方体”构成元素，将建筑主体外部语言延续、渗透到内部空间。遵循整体建筑功能布局和流线，更加有针对性的进行室内设计。并将室内设计、照明、标识和家具配饰有机整合，形成完整的建筑空间，让空间看起来粗与细 、大与小、虚与实、明与暗，更加丰富多变。提炼羌族文化精神，点缀或镌刻在空间细部。采用现代手法，在材料、色彩和纹样等方面挖掘它的内涵，从而让它具有鲜明的地域性和归属感。

为了营造宜人的光环境，注重光的有效利用，更多的自然光柔化了室内环境；定性和定量的人工照明更加有效地诠释了“以人为本”的概念。为了在“迷人”的羌寨中不会“迷路”，标识为人指引欣赏和体验的最佳路线。家具的形态不但保留着对羌文化的怀念，而且更加舒适和便捷。

I 区一层平面图 1:100

*E3*_图书馆；
*E4*_文化剧院

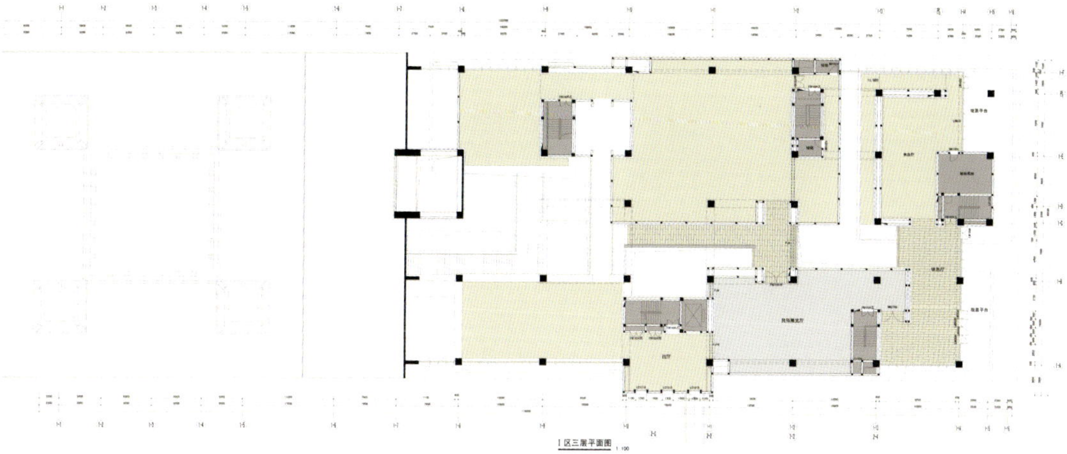

I 区三层平面图 1:100

*E1*_售票处；*E2*_入口闸机；*E3*_出口

16/ 北京地铁8号线

项目名称：北京地铁8号线车站公共区室内设计
设计师：张磊

北京地铁8号线与北京市的中轴线基本吻合。北京的中轴线是古都北京的中心标志，现代北京城市发展的脉络。地铁8号线更是突显了中轴线在城市中的地位，对于理顺轴线交通环境，开创新气象和展现北京文化与历史，有着积极的作用。北京的中轴线承载着这个城市核心的历史与文化，也留下了无数的记忆符号。这些不同时期的历史片段在我们的记忆中，在城市里，呈现出或新或旧或闲适或辉煌的历史画面，组合出一幅荟萃京华、美丽而恢宏的历史画卷。将众多的精美画面巧妙的组合在一起，形成8号线的整体线路特征。统一的设计手法，变化多样的具体内容，是拼图与8号线特征的完美结合。

拼图的基本元素多样，可以根据站点特色选择恰当的拼图，形成非常丰富的空间形象；拼图元素的组合灵活多变，可以用同一手法反映不同站点的个性主题；拼图都是一种或者几种标准模块，规格种类少，适合批量生产,降低造价；拼图本身具有趣味性，可以改变地铁空间较为沉闷的氛围。

出
EXIT
D
南锣鼓巷
NANLUOGUXIANG

E1_一层大厅；E2_地下厅

17/ 无锡新区科技交流中心

项目名称：无锡新区科技交流中心
设计师：郭林、韩文文、纪岩、刘烨等

项目坐落在无锡新区，设计命名为“水上梅园”，力求建造一个优雅、亲切、自然、包容的院子，一个充满文化气息的新区服务平台、交流平台、展示平台。

设计有以下特点：

① “水上梅园”的概念命名来自于对以包容、分享为特征的本地文化宣扬；

② 利用建筑自有的空间递进逻辑，加以整理和归纳，形成层层递进、相互借景的院落型空间；

③ 在对如何表达梅林生长主题的推敲和探讨中，坚持选择从本土资源中提取出错落的生长节奏，形成一种建筑式的、大写意的，韵味优雅，又富于生命力的装饰节奏，并且实施性极强，减少资源的浪费；

④ 每一个院落根据不同的功能需求，存在不同的院落意境；

⑤ 通过光的运用，渲染梅林小院的意境景观。

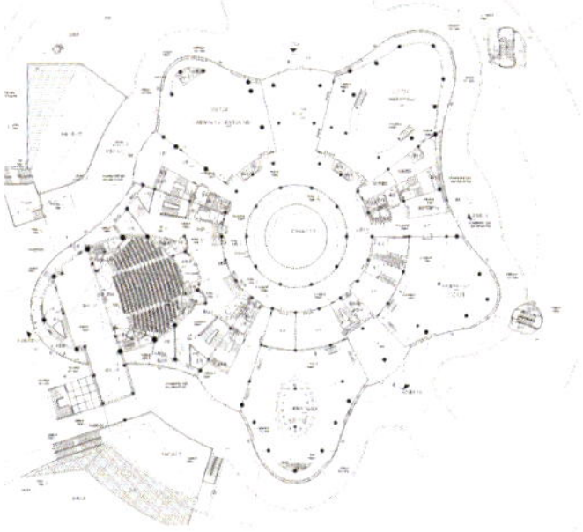

原建筑一层平面

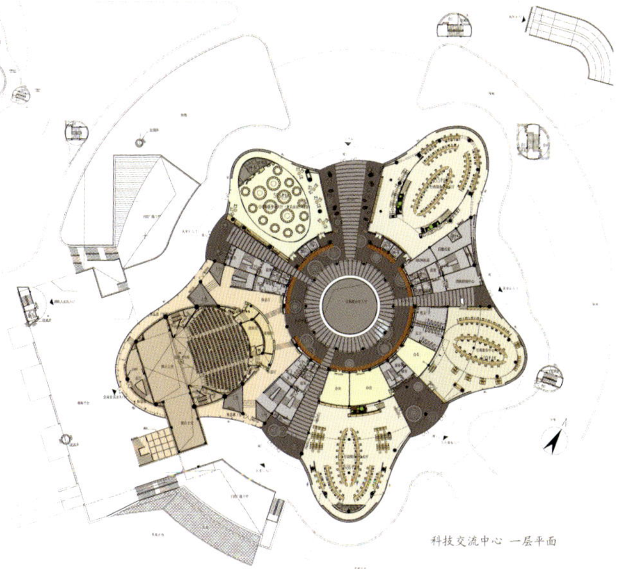

科技交流中心 一层平面

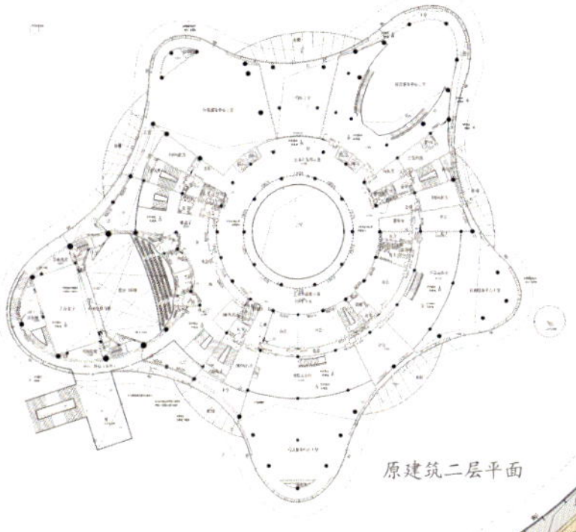

原建筑二层平面

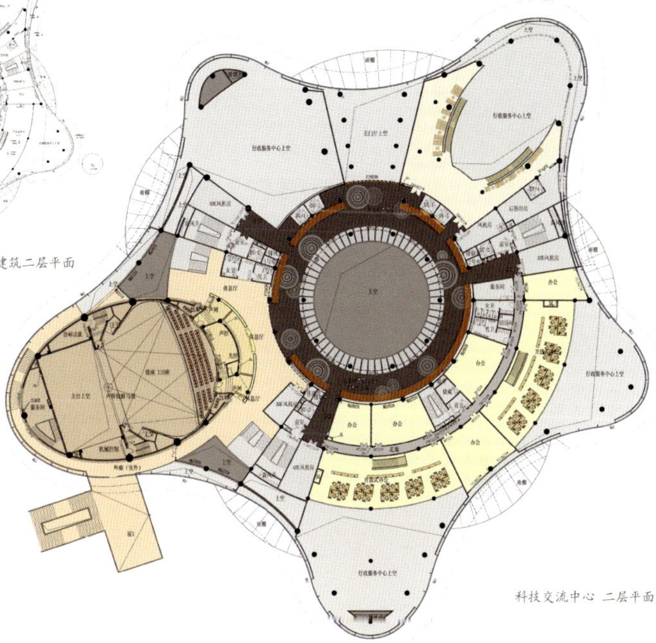

科技交流中心 二层平面

E3、4_地下厅;
E5_灯带

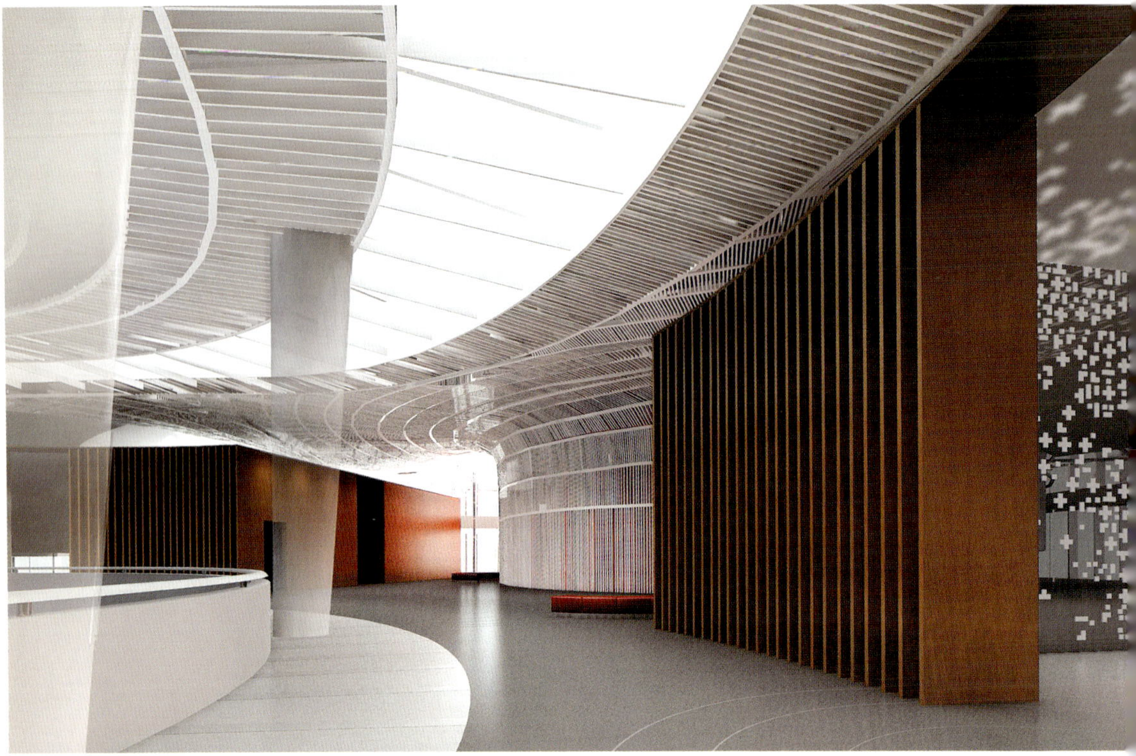

E6_一层入口；E7_一层休息区；E8_一层行政中心；E9_一层宴会中心

E10_景观走廊；E11_会议室前厅；E12_三层功能厅

E1_入口；E2_电梯厅

18/ 北京青鸟健身寰太店

项目名称：青鸟健身
设计师：方言 ；面积：1800平方米

本项目位于中关村南大街寰太大厦三层，面积1800平方米，采用平实，贴近自然的设计风格，营造出轻松自由的运动场所。

设计重点突出几个具有特质的场所：

单机，有氧，伸展区：具有开阔的空间，是人流聚集及多功能自由活动区域，并且通过原大厦结构幕墙玻璃窗，往外看到美丽的街景；而街上流动的人群亦可以看到室内的生动之处，相互辉映。

操房：正面舞台后壁，为暗藏壁柜，三面墙壁适可划分镶贴镜面玻璃，天花在原天花上，加以采用彩色拉膜天花条，凸显活力。

单车室：公司LOGO灵动加以装饰，表现在地面和天花的灯具上，构成了特质的灵气所在。

瑜伽房：采用地热加热，墙面为木地板墙，泥糊墙等表达最自然的环境，为释放心灵融合之处。

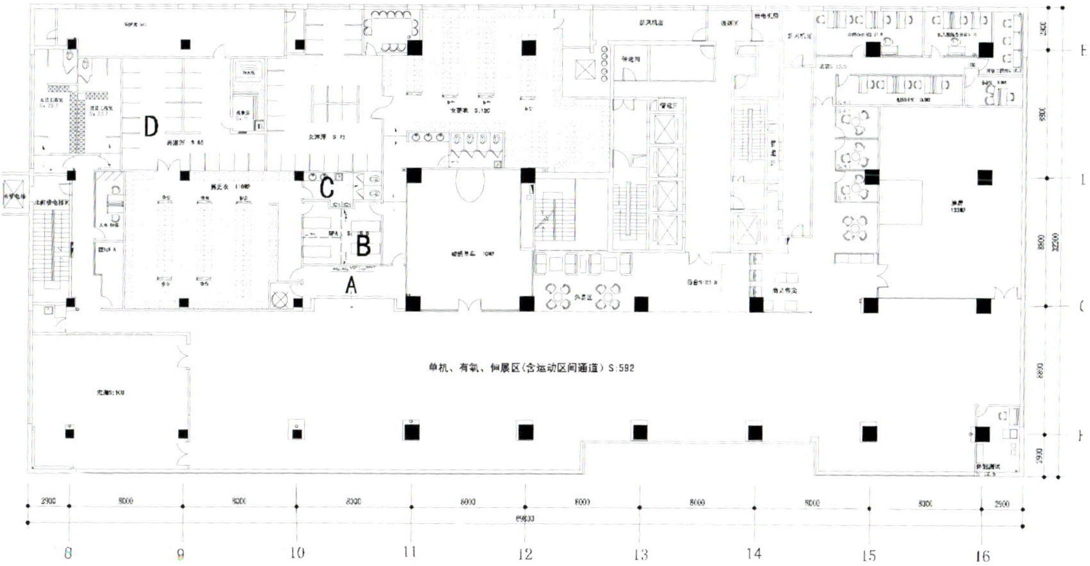
D
C
B
A
单机、有氧、伸展区(含运动区间通道) S:592
2900
8000
8000
8000
8000
8000
8000
8000
8000
2900
8
9
10
11
12
13
14
15
16

NIRVANA

E3_接待台；F4、5_瑜伽及体操房；E6_健身房

E1_首层售票厅；E2_二层入口大厅

19/ 狮山体育馆

项目名称：狮山体育馆
项目地址：佛山市南海区狮山镇

狮山体育馆建筑外观设计新颖，造型独特，具有极强的时代感。建筑外观尺度恰到好处，比例协调，而室内设计正是在建筑设计的基础上深化和延续。本设计方案是在满足使用功能和符合相关设计规范要求的前提下，对建筑平面进行优化完善，对使用功能进行细化处理，保持原有各功能分区布局的合理部分，在满足使用功能的前提下，对局部作出必要的调整，使建筑内部功能与外观更加完美结合。装饰设计选材按照适度超前、环保的原则进行选配，外在的建筑风格，也决定了室内装修的定位，如入口门厅，运动场空间和各功能用房必须是统一的，现代、简洁，人性化是本设计方案的设计主题。

设计特点：紧密结合空间的使用功能，在满足空间的使用要求的前提下进行装饰处理；紧扣主题，反映空间的属性，使建筑空间具有主体文化；空间处理整体大气，细部处理美观大方，体现简洁、现代的设计风格。

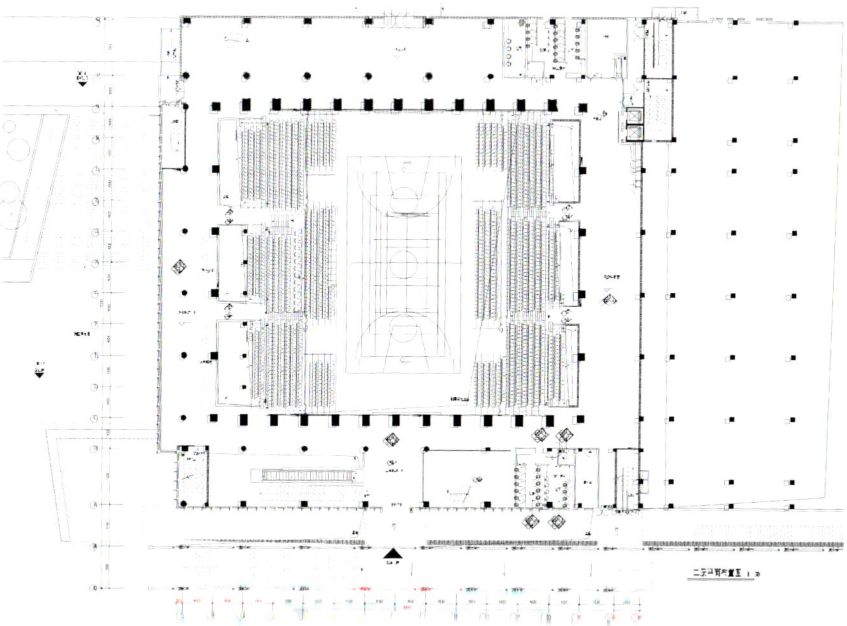

↑ C1C2 B1B2 →

E3_运动场；E4_办公区入口；E5_会议室；E6_竞赛指挥室

MS-EXPRESS
56 Kbps VOICE/FAX MODEM

E7_新闻记者室；E8_包厢；E9_更衣室；E10_器材室

USA
10
24

E11_办公室1；E12_办公室2；E13_医疗室；E14_卫生间

E1_餐饮区；E2_休息区；E3_台球室

20/ 三山体育会所

项目名称：三山体育会所
设计单位：广州翰纬装饰设计有限公司

位于广东南海三山的该体育会所，占地2.5万平方米，设计范围是整个场地规划、会所建筑和室内设计。

建筑设计上，通过建筑构件之间的层次感和通透性，强调了自然采光，同时利用建筑构件的遮挡，避免了耀眼的眩光。悉心处理的建筑平面布局，为自然环境楔入室内空间提供了条件，同时也模糊了室内外的分界。室内设计上，前厅与休闲厅的多变的曲折造型为空间带来一种激扬、生动的体育气氛；其他运动场所只是简单顺应建筑的基本造型，满足运动项目对采光、空气流通、身体舒适性的功能要求。

综上所述，本会所设计注重了建筑本体的通透性，以及自然景观对室内的构景作用，运用丰富的光影变化，丰富了空间层次，体现了体育会所“自然、健康、活力”的宗旨。

E1_入口；E2_大厅

21/ 庐山旅游综合服务中心

项目名称：江西庐山旅游服务中心
设计师：陈凯

服务中心分为换乘中心和旅游服务管理中心两部分，总建筑面积23000平方米。在设计的过程中充分把握庐山文化的内在精神，以庐山文化的内涵、意境来设计，力求达到“笔不到、意先到”的境界。设计将形式、质感、材料、光与影、色彩等要素汇集在一起，创造性的表达空间的品质和精神，并解决客户的功能需求，着重展现建筑的空间美、结构美，力求完美的体现室内空间与建筑空间的统一性。

进入大厅，就可以看到设计是在建筑固有的基础上，进一步理顺关系，营造现代的换乘中心形象。咨询区、查询区、休息区、售票区及生态绿化的配置上进行了整合，地面白、灰的色块，墙体浅色系的石材墙面使空间在对比中获得了优雅的平衡，同时极具人性化的业务流程指示牌的设计，彰显了空间的人文气息与时代特色，反映为游客服务的职能。

二层大厅延续一层大厅风格，注重空间的功能关系，强调以一统万，充分运用现代语言不同侧重地发挥点、线、面、体及空间的艺术表现形式，将其串联成一个彼此关联的、简约的、艺术的、具有文化特色与内涵的整体。使整个空间清新雅致，形体虚实结合。力求塑造一个舒适、和谐、明快的室内空间。

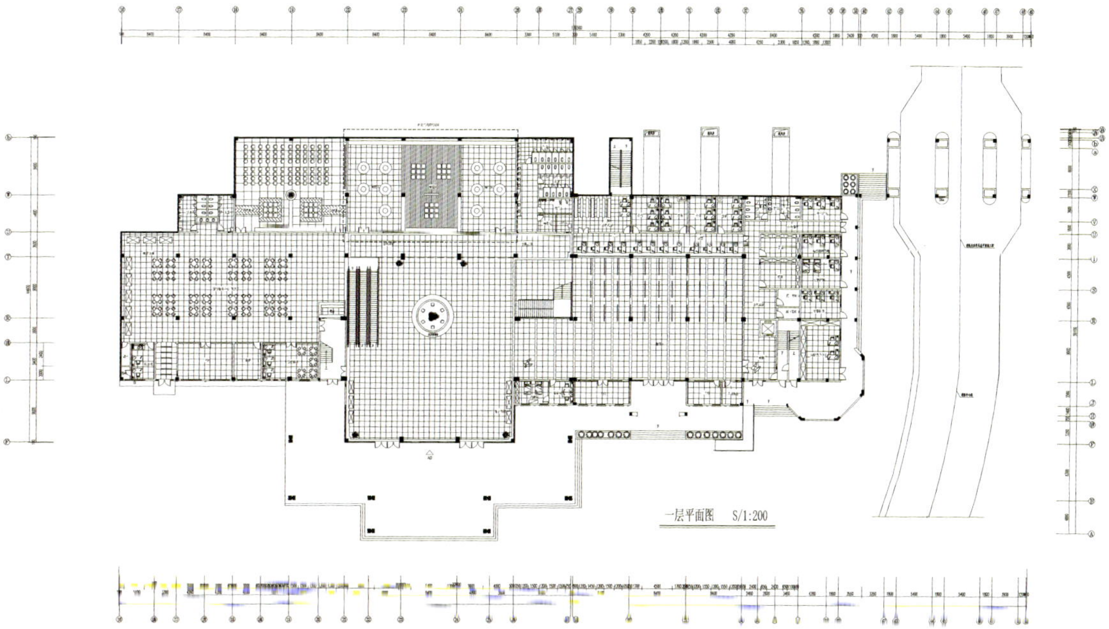
一层平面图 S/1:200

E3、4_走廊；E5_中型会议室；E6_小型会议室

*E1*_入口及规划图；*E2*_养生保健广场；*E3*_长廊

22/ 鄂尔多斯公园

项目名称：鄂尔多斯公园
设计师：邓明、宋梅、王海瑛

鄂尔多斯位于内蒙古自治区的西南部，鄂尔多斯高原腹地。世纪康乐公园位于东胜区东部，总面积*19.5* 公顷　约合*195000* 平方米。本设计以太极布局为始然，五行为内涵，天地四相为依托。太极之道谓之”易”“易”为变化运动之意。寓意园区建设、使用的深刻意义。五行之中，金、木、水、火、土分别对位基地西、东、北、南、中的方位，白、青、黑、赤、黄分别对应各方位，四相中的天、地、人、气融汇于园区设计中，使之因柔就势，聚气揽形。

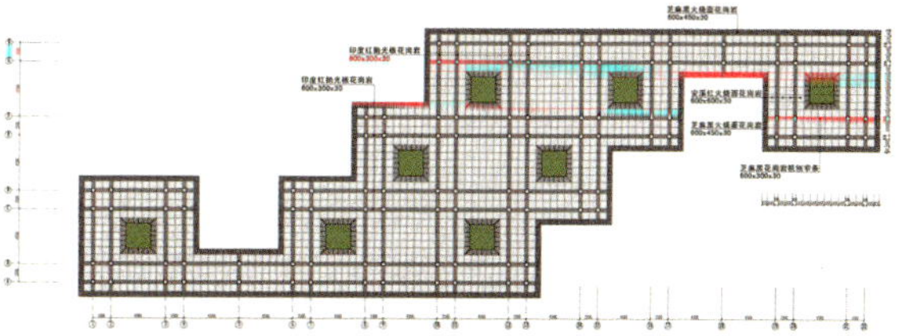

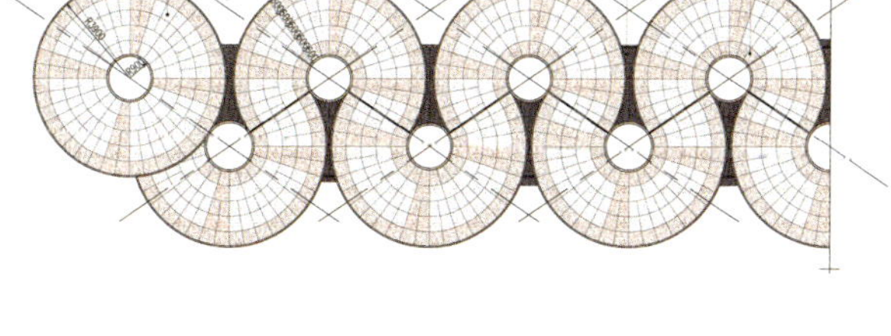
安溪红火烧面花岗岩
600x600x30
中国红火烧面花岗岩
600x600x30
芝麻黑火烧面花岗岩
600x600x30
中国红火烧面花岗岩
600x600x30

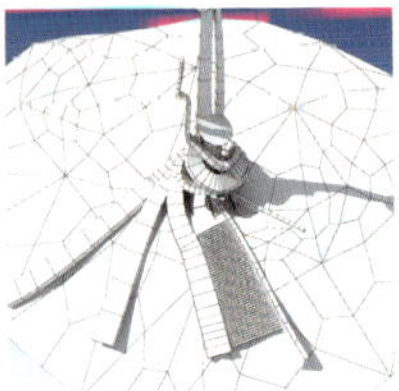

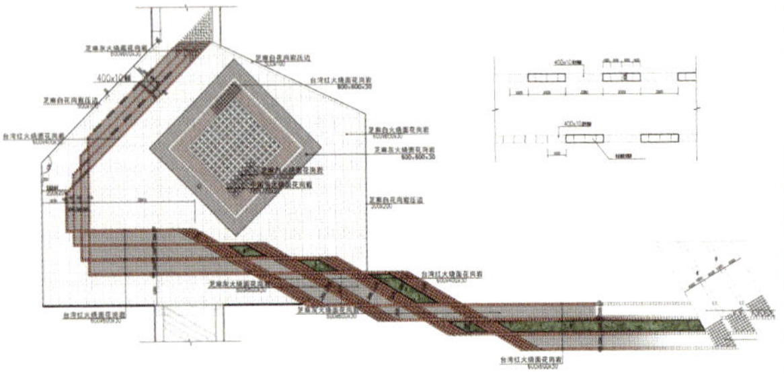

*E4*_中心广场；*E5*_极限运动场；*E6*_儿童游乐；*E7*_养生亭

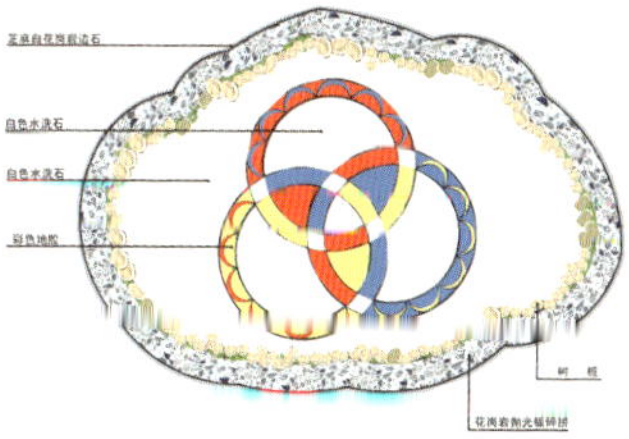
白色水洗石
彩色地胶

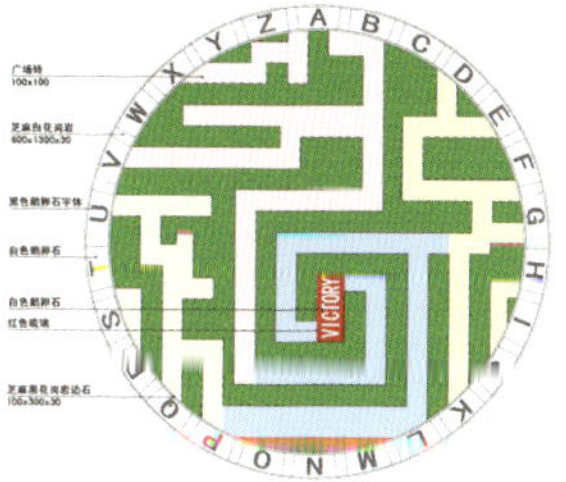
广场砖
100x100
黑色鹅卵石字体
白色鹅卵石
VICTORY
A B C D E F G H I K L M N O P Q S T U V W X Y Z

E1_B1层连接大厅；E2_首层中转厂

23/ 首都国际机场扩建工程

项目名称：北京首都国际机场扩建工程
设计师：韩军

首都机场将根据国家批准的建设规模，对首都机场进行扩建。扩建后的机场将拥有三条平行跑道，东西两个航站区，可满足每年6000万旅客吞吐量，50万航班起降架次，180万吨货运吞吐量的需求。

T3号航站楼主要由两座独立的航站单元组成，即T3A和T3B。T3A主要用于国内。两座大楼由内部捷运系统联通。T3A主要功能包括为国内旅客办理登机手续和提供入港服务、国内旅客候机、办理安全检查、随身行李检查、国内到港旅客行李提取、中转旅客办票、海关及迎客区等。另外，它还提供了捷运系统。

机场作为交通建筑，是一座非常复杂、使用非常广泛的建筑物。它每年将供数以千万计的旅客使用，处理大量的行李、货物。因此，速度和安全必须受到高度重视。航空旅行本身的性质决定了旅客可能会有很长的候机时间，旅客滞留期间的舒适性也不容忽视，同时还要兼顾环保与节能方面的设计。3号航站楼作为国家的重点建设项目，由著名英国建筑师诺曼•福斯特（Norman Foster）设计。它将被修建成一个宽敞壮观的航站楼，使到港旅客一下飞机就被首都的现代化感和精致感所倾倒，留下难以忘怀的第一印象。

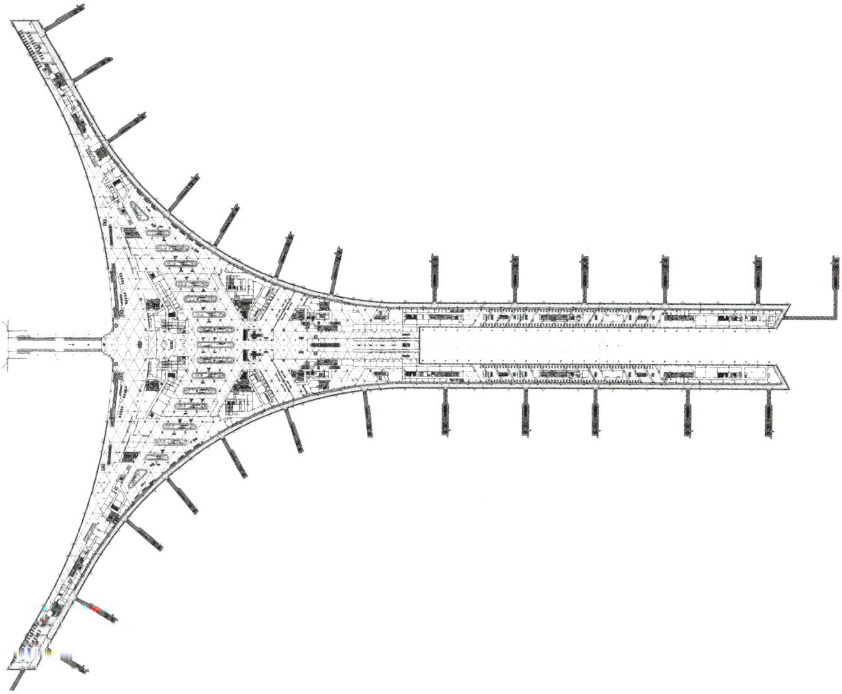

E3_二层中转大厅；E4_二层行李大厅；E5_首层远机位出发区；E6_二层旅客到达区

← 出发候机厅
Departure Lounge
登 机 口 9
Gate 9 →

E7_二层APM车站；E8_二层远机位候机区；E9、10_二层迎宾区到达区

BUICK

*E11*_二层国际国内迎客大厅；*E12*_三层国内安检区；*E13*_四、五层国际值班区；*E14*_四、五层办票大厅

E1_建筑外观；E2_首层产品展示馆共享空间；E3_展馆

24/ 中州交易中心

项目地址：广州市
设计师：王宏增

工程类型为展馆及展示型办公楼，框架式主体结构，楼高22层，裙楼5层，地下2层，建筑防火A级，总建筑面积17万平方米。

5层裙楼为商业，陈列，展示展馆，塔楼为展示型多功能一体化办公楼。国际标准办公及会展场馆，整体空间明亮，低碳，现代化。相关配套服务有机联系，集办公，陈列，会展于一身，形成高档次 商业办公空间。建筑是凝固的诗篇，在这“中国第一展”商圈内，它堪称世界贸易交易平台。

E4_北入口大堂；E5_标准层电梯厅；E6_标准层通道；E7_标准层卫生间

*E1*_贵宾廊一层；*E2*_专机楼贵宾廊；*E3*_电梯轿厢

25/ 首都机场专机（公务机）楼

项目地址：北京首都国际机场专机楼和公务机楼
设计单位：北京清尚环艺建筑设计院有限公司

首都国际机场专机楼和公务机楼的主要功能是针对世界各国的元首、企业集团的首脑而专门设置的专机接待楼。可以说是中国的国门，是给世界各国首脑第一印象的空间，是一个国家形象的窗口。

如何把古典的华夏文明最精湛的部分与当今中国的综合国力和国家形象表现出来成为了整体设计的关键与主题。设计中所追求的是中国最精髓的思想与文化内涵，最具代表性的形式和色彩，最精美的工艺与艺术品陈设。

在思想与文化上表现出“有朋自远方来不亦乐乎”的好客精神；在形式与色彩上主要以中国古典建筑及艺术造型进行提炼和升华；在艺术品的陈设上主要以传统的工艺，来表现中国具有代表性的文化遗产与传统艺术。

E4_公务机楼咖啡厅；
E5_元首休息室（中式）；E6_元首休息室（欧式）

E1_夜间鸟瞰；E2_冬季鸟瞰；E3_夏季鸟

26/ 某广场道路景观设计

项目名称：沈溪新城中心区（南区）广场绿化环境道路景观设计方案
设计师：耿旭春、刘世明、唐继媛

本设计以原规划设计为导向，“药都文化”为内涵，“五线谱”为依托，彰显医药产业的“基因”元素的穿插运用，延续发展了周边建筑的设计风格、理念，打破传统的广场设计内容，使用现代设计的手法，运用“五线谱”的叠加、分解、拆析、构成，建立中轴线的主旋律造型，连接到中心广场，而广场延展了周边建筑的设计理念，运用不规则的点、线、面的组合，采用具有生物医学代表意义的“基因链”元素，与中轴的“五线谱”结合，使之因形就势，韵律平衡、和谐统一。同时也传递着具有科技、现代的审美意识，彰显“药都文化”的主题特性。

*E4*_中心广场；*E5*_中轴景观；*E6*_景观路设计；*E7*_内外环路设计

内环路

平面图

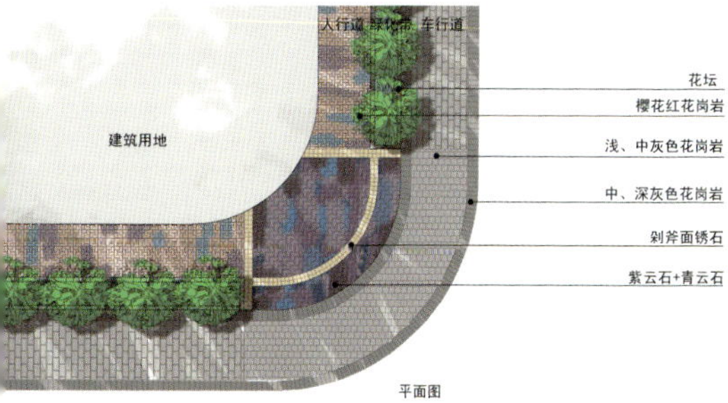

平面图

外环路

E1_前厅；E2_中庭；E3_歌舞表演厅

27/ 民族文化宫

项目名称：民族文化宫
设计师：丁春亚

本案设计主体民族文化宫修缮装饰设计，体现民族文化宫作为党和国家领导人与少数民族上层和宗教领袖教友联谊、共商国事，民族、统战、宗教工作重要会议，少数民族地区领导来京处理政务的重要场所。为了塑造这种世纪大国中华五十六个民族的非凡气质，我们从中国传统的文化为切入点，避免形式化和大众化，将绵长的中国味道无处不在的渗透在各空间之中，营造出浓浓的中华民族情结。

本设计中，提取了各民族喜爱的“如意”、“宝相花”、“蔓草” 、“玉璧”等传统元素，体现中华民族五千年历史文明的形成与发展，有着表里相连的密切关系，展现各民族的共荣。

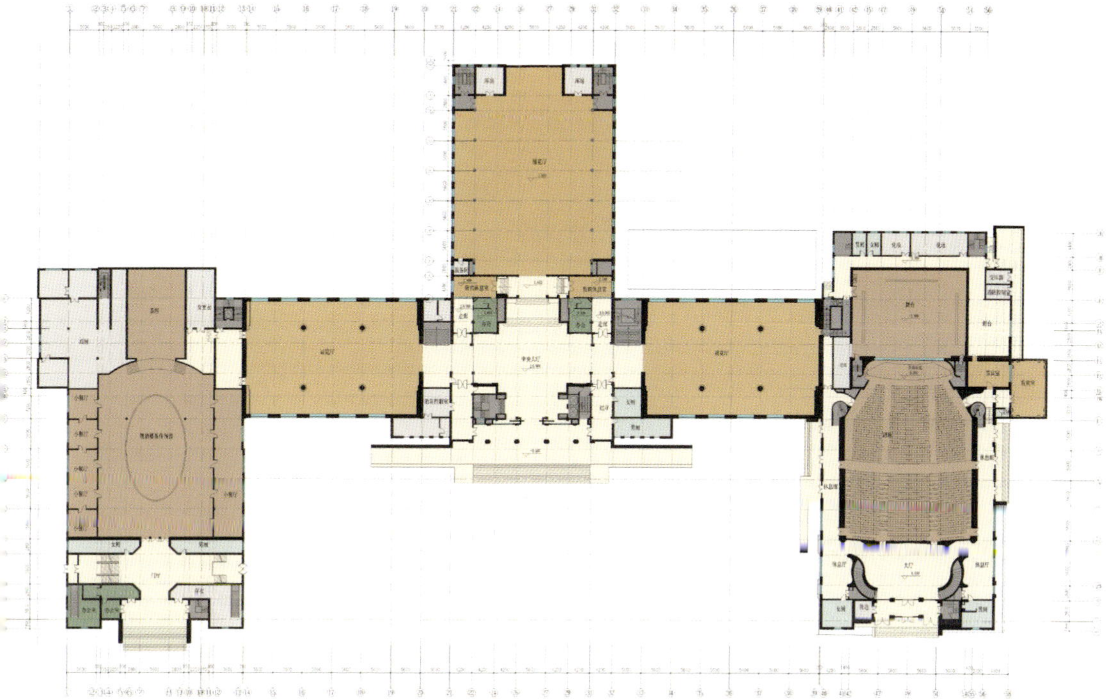

E4_歌舞表演厅；
E5_三层展厅

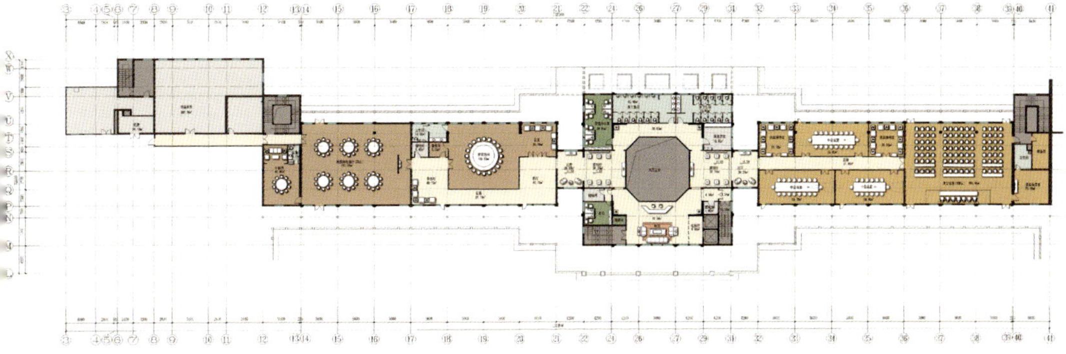

*E6*_三层走廊；*E7*_小会议室；*E8*_大会议室；*E9*_大宴会厅

*E1*_大厅；*E2*_入口前厅

28/ 中国军事科学院图书馆

项目名称：中国军事科学院图书馆
设计师：北京

中国军事科学院图书馆位于北京。理性与秩序，科技与人文，国际化与本土化是本案的整体思路所在。高质量的室外景观与室内空间完美结合，烘托出图书馆轻松、高雅的舒适气氛。大堂空间在装饰材料上采用了现代而国际化的米黄色调，透光玻璃与之搭配，显得简约质朴。圆形的吊顶呼应方形大理石地面，应了天圆地方的吉祥之说。浮雕装饰墙面，更好的彰显了军事科学院的庄重文化氛围。周边配加竹林，展现庄重又贴近自然的古典园林风格，柔和的灯光配合米色的空间，图书馆给人营造了和谐温馨的读书气氛。空间功能上还应用了高科技设备，大小报告厅、阅览室、贵宾接待室、宴会厅等空间都延续了整体的设计理念，最终造就了这座形、色、神相统一的大型文化类公共建筑。

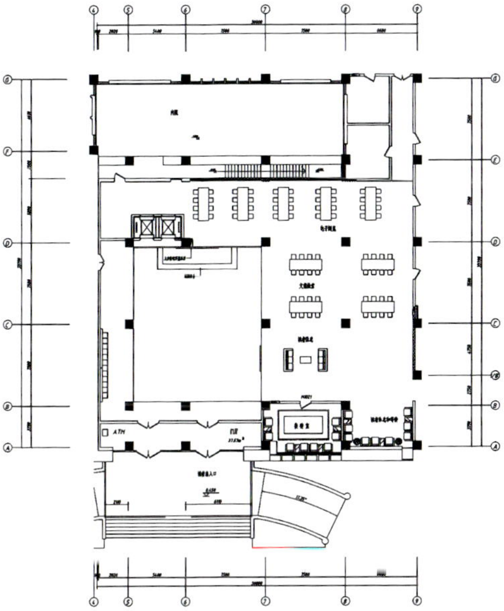

E3_检索室；E4_多媒体室；
E5_休息区；E6_小型会议室

E1_外观；E2_一层登录厅

29/ 武汉新城国际会展中心

项目名称：武汉新城国际会展中心
设计师：严斌

武汉新城国际会展中心展馆总面积43.3万平方米，其中展览面积18.5万平方米。依循建筑与室内空间协调性的原则，赋予空间开阔的视觉感和严谨的功能性，在便利和自主方面最大程度满足不同人群的需要。重点以醒目的标识引导人群走向，以细节的处理及自然景观的合理运用丰富视觉感受。内环外环分别用红蓝2色加以区分，红色内环代表楚文化中火的狂放，蓝色外环则包涵地域文化中水的浪漫。

以参展、观展、物流及垂直流线规划空间流向布局，坚持原建筑设计的4个原则，即共生原则、自然原则、人性化原则和可持续发展原则。以细致的功能规划，自然景观的合理运用，便利的服务设施动线构建可持续空间，同时着重强调楚文化的内涵，强调其地域性、民族性。

装饰材料上注重分隔方式及比例、构件尺寸、规格、不同材质间的比例关系、装饰细部形式，采用基本模数递增的方式。通过新材料的运用和层次造型对整个展馆区进行有效的噪声控制，优化空间使用效果。

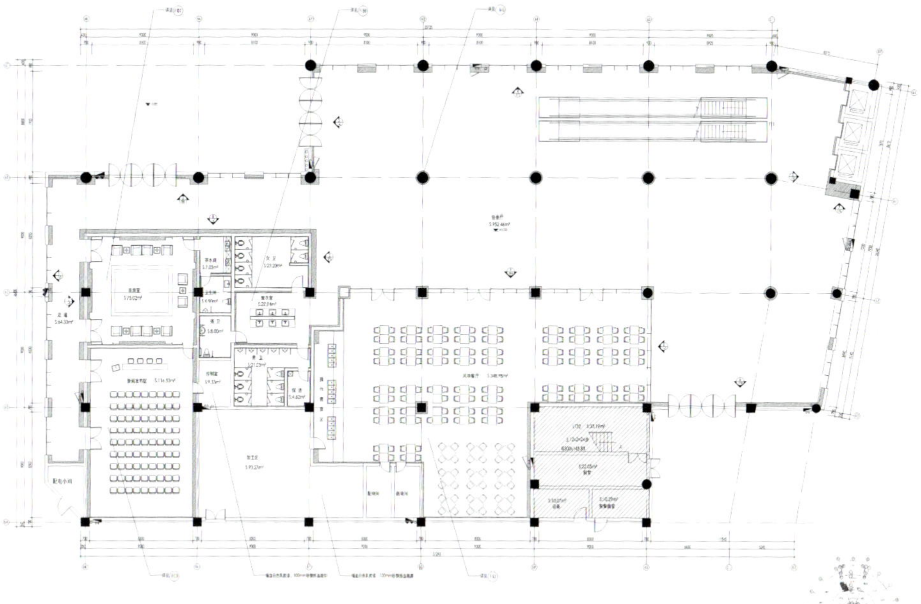

一层6区餐饮厅平面布置图

*E3*_一层展厅前廊；*E4*_一层展厅；*E5*_二层登录厅；*E6*_夹层咖啡厅

登录厅
Login Hall

E1_外观；E2_入口；E3_走廊

30/ 上饶市奥林匹克中心

项目名称：上饶市奥林匹克中心
设计师：辛冬根

本案在室内设计时充分表现现代主义的设计风格，采用现代装饰材料与设计构成相结合。在室内整体设计中加以统一与提练，既保持体育建筑设计的多元性、公众性、完整性，又因各个不同功能空间的变化，突出空间的艺术特点，使之给人一种富有现代生命力的视觉冲击。

主场馆一层休息大厅：该空间建筑面积约900平方米，净空高度达到4.8米。由五个象征五环精神的圆形大门入口组成主要交通流线，在充分考虑到人流与空间的关系后，我们把主要色调定位在浅灰色。在南北墙面上用现代工艺手法打造的三清山壁画突出体现了上饶的地域文化，为了让室内空间更具有生机。

主场馆会展中心：该空间是整个项目的最大空间，建筑面积约8700平方米，设计方案充分考虑到会展中心未来的国际化标准。在建材上使用的是防火、实用的材料。用浅米色调作为主要因素，表达的是空间的开阔性。天花材料采用活动铝质天花是考虑隐蔽工程检修的方便及施工的时间、成本控制，照明的灯饰利用低消耗的节能产品，同时又使色温、照度和蔼统一。

E3_一层休息大厅；E4_三层休息大厅；E5_主场馆；E6_休息室

TOYOTA

2F

E1_教学楼入口；E2_走廊；E3_美术教室

31/ 北京牛栏山学校

项目名称：北京牛栏山学校改造
设计师：赵国锋

艺术类教育事业空间，在一定程度上有着较为活跃的空间视觉形象，因此在本案中主要以鲜明的色彩和简洁的造型及部分原结构来体现空间。首先进入门厅将与外观有着很大差异的主体形象展现给人们，以绘画艺术中的色彩三原色体现局部墙面，以白色调作为整体铺垫，体现出丰富而具有内涵的教育理念。顺着门厅进入每层教学空间，都会将门厅中的色彩关系贯穿起来，达到空间色彩、理念统一的艺术美学标准，并能在实际的施工投资方面满足低价格、高成果的要求。最终使其成为一个具有时尚、美观及实用性较强的艺术类教育事业现代公共空间。

B-6
B-5
B-4
B-3

*E4*_普通教室；*E5*_音乐教室；
*E6*_卫生间

32/ 首都机场3号航站楼

项目名称：首都机场3号航站楼
项目地址：北京

首都机场3号航站楼是目前世界上单体面积最大的航站楼，由世界知名设计团队“NFA设计联合体（NACO-Foster-ARUP.JV）”构思方案，结合国内外各专业的顶级团队合作完成，其总体建筑面积约98.6万平方米，新建第3条长3800米，宽60米的跑道，楼内的不同部分之间有捷运小火车连接。到2015年，满足年旅客吞吐量7600万人次，年货邮吞吐量180万吨，年飞机起降58万架次的要求，是国内迄今为止少有的精品工程，该项目创造了一万多个国内记录。

航站楼内南北走向的白色铝质条板，隐隐透出建筑桁架的雄伟壮观，墙面焗漆玻璃板莹润精致，淡淡地映出周围气氛。航站楼内的设计严格按照866mm的模型展开，每一细微处均以新开发的构件连接，体现了设计者的创新意念同时又不失严谨，是中国献给全世界的一份惊喜。

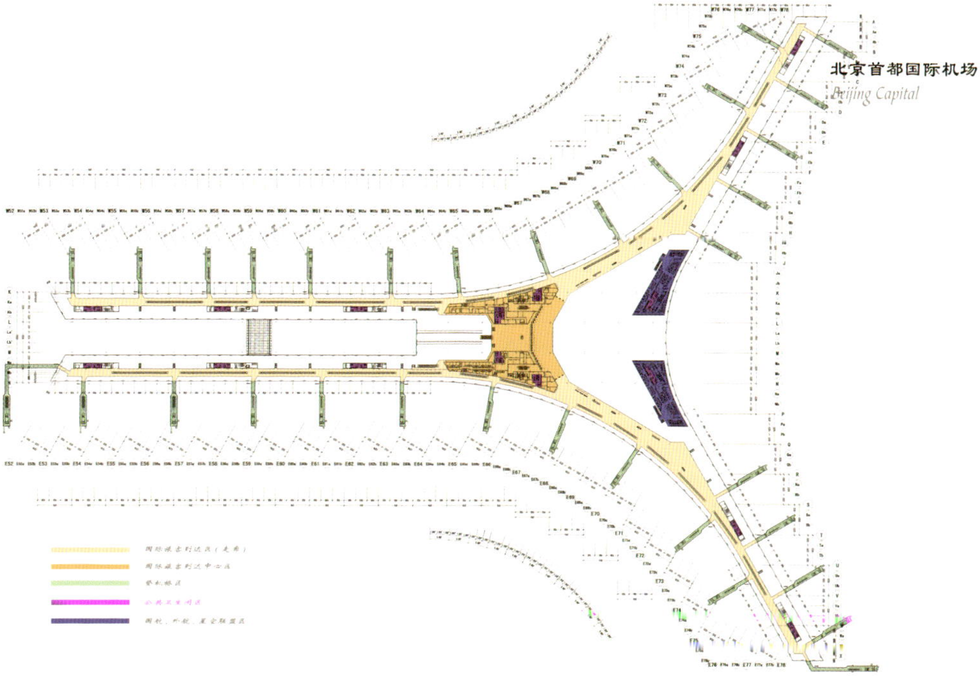
北京首都国际机场
Beijing Capital
国际旅客到达区（走廊）
国际旅客到达中心区
登机桥区
公共卫生间区
国航、外航、星空联盟区

E1_展厅全貌；E2_创业经过；E3_生平事迹

33/ 大庆铁人王进喜纪念馆

项目名称：大庆铁人王进喜纪念馆

设计师：张庆波

按照编年和专题相结合的陈展体例，做到专题突出，时间脉络鲜明。

在整体设计上，局部服从整体；在内容集中的部分突出亮点，做到不牵强堆砌；在内容与形式结合上，做到不空洞，不脱节；在对节奏的控制与把握上，艺术性地运用张弛、收放、集中与构成等各种手段，将全部展示贯穿一体，使整条展线充满交响乐般的韵律感。从而全方位、多侧面、立体化地塑造铁人形象，铁人功绩，弘扬铁人精神。

E1_序厅；E2_英烈馆

34/ 辽沈战役纪念馆

项目名称：辽沈战役纪念馆
设计师：张庆波

总体设计思路是突出主题，把握重点，强化亮点，即体现军事题材特点，又具有现代性。

设计的基调和风格是庄重、精练、舒展、大气。

设计的原则是坚持内容编排、形式设计、展示手段上的创新和有机结合，注重博物馆展陈语言的运用和总体环境艺术氛围的营造。

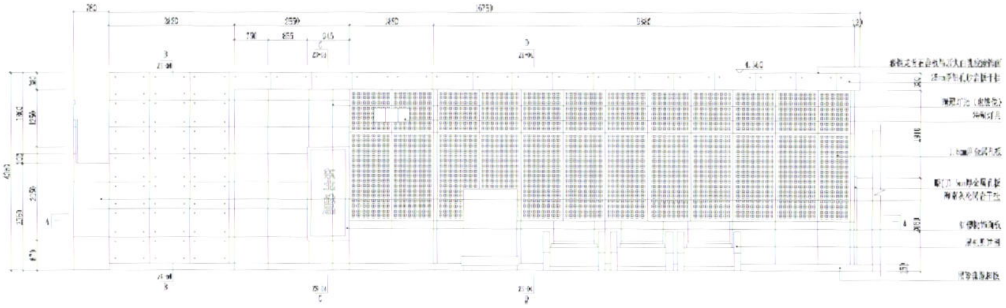

1号立面图
SACE 1:50

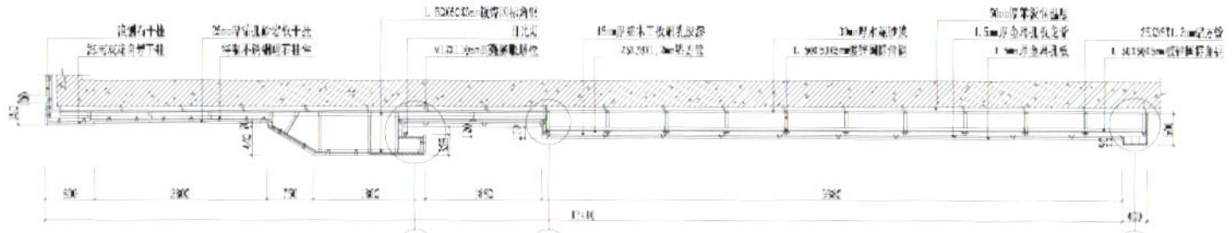

A-A剖面图
SACE 1:50

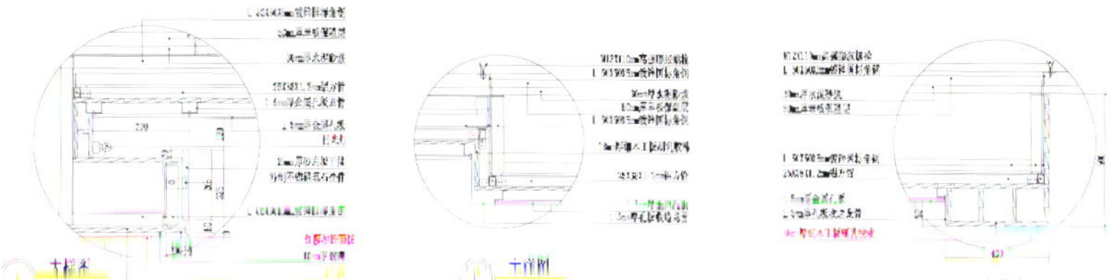

① 大样图
SACE 1:10

② 大样图
SACE 1:10

③ 大样图
SACE 1:10

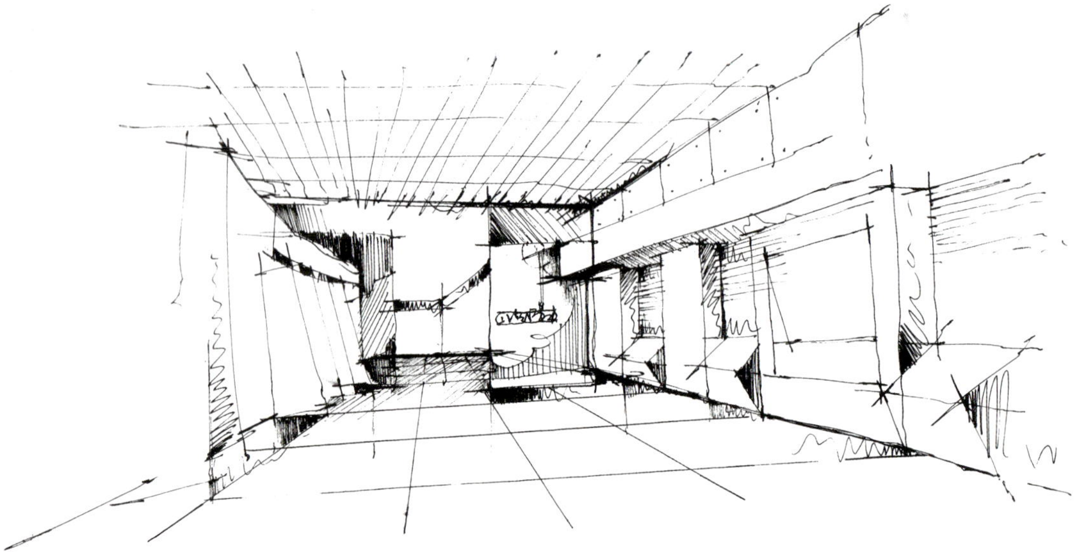

*E3*_英烈馆；*E4*_战史馆；*E5*_战史馆（战斗场面）

全面内战爆发
QUAN MAI NEI ZHAN BAO FA
东北战略地位图
东北局"七七会议"
"三下江南"四保临江"示意图

E1_序厅；E2_解放历程；E3_民族团结

35/ 内蒙古民族解放纪念馆

项目名称：内蒙古民族解放纪念馆
设计师：张庆波

内蒙古民族解放纪念馆的方案以布展大纲和陈展方案为设计蓝本，围绕内蒙古民族解放和区域自治这个主题，结合纪念性展馆的建筑风格及地方特色和民族特点，用现代设计手法和设计理念来进行。

E1_一层大堂；E2_走廊；E3_电梯厅

36/ 金海广场公共空间

项目名称：金海广场公共空间
设计师：蓝宇导

金海广场位于佛山市区繁华地段的季华公园北侧，建筑外观造型独特、线条挺拔，是目前该区域最为高档的甲级写字楼。

本室内设计沿用外立面的线性造型语言，体现内外设计理念的统一，明朗简洁的设计手法，诠释着现代办公环境独特的建筑空间，突出建筑空间的艺术价值。

一层大堂采用典型的中轴线对称布局，彰显稳重大气的空间氛围，温和的米黄大理石的主墙和凝实的波尔多银石材的地面形成明朗对比，冷峻的竖向黑镜钢线条和凹槽的虚实变化，营造出大堂共享空间的挺拔感和现代办公空间的秩序感。

金海广场

E1_一层门厅A入口；E2_一层门厅B入口

37/ 苏州实验小学

项目名称：苏州实验小学
项目地址：江苏苏州

迁建苏州实验小学工程中，我们在开放、自由、生态、自然、宽松、休闲的设计理念指导下，将实验小学设计成富有地方化，人文情调的学校，在本设计方案中我们遵循：源其中、承其脉、取其形、立其意。

贵因顺势——对空间的物理性及功能性调适意识。
体宜因借——合理的借取环境意向。
因势利导——创造有机的室内空间形象。
因物巧施——依形就势，扬长避短，人工调节，点石为金。

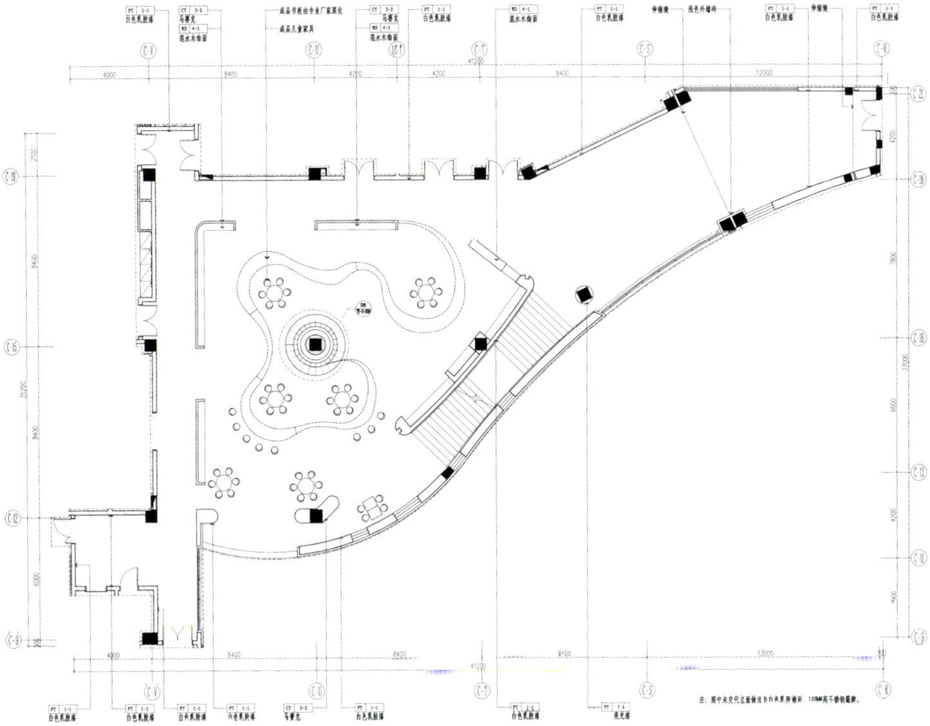
PT 1-1
白色乳胶漆
CT 3-2
马赛克
WD 4-1
混水木饰面
成品书柜由专业厂家深化
成品儿童家具
伸缩缝
浅色外墙砖
41200
4000
8400
4200
12000
亮光漆
注：图中未交代立面做法为白色乳胶墙面，100MM高不锈钢踢脚。

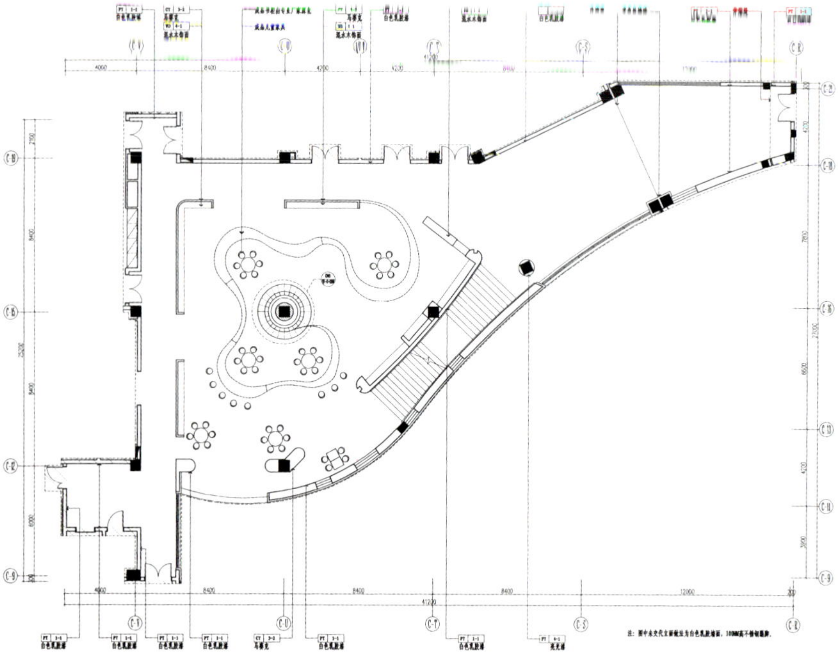

E3_一层游泳池；E4_二层儿童阅览室；E5_三层教师阅览室

WE LIKE READING

学以知道 教以成德

*E1*_一层门厅；*E2*_一层等录区

38/ 苏州园区档案管理中心

项目名称：苏州园区档案管理中心
设计师：季晶晶、段秀丽

苏州工业园区是国家级开发区，经过十一年的开发建设，借鉴新加坡的先进经验，已创造出一流的投资环境，是一座现代化的新城。园区档案中心大楼位于金鸡湖东、园区行政中心的东面，是园区标志性建筑之一。其作用为加强园区各类档案管理能力，展示园区开发成就，宣传园区的城市规划和建设、管理理念，公示城市规划方案等功能。苏州工业园区档案管理综合大厦大胆的建筑外形设计，赋予了这座大楼的特有风采。现代简洁的外立面造型定义了建筑的气质。室内设计延续了建筑的设计语言，体现简洁、大方，突出空间设计的现代化、智能化、人性化。设计布局上，充分考虑到大楼的各个功能空间的特点和要求，结合现代先进的智能化系统、高科技生态节能技术，合理、有效的利用到大楼的设计中，构造一个高科技、高艺术的建筑室内空间。室内设计既延续了室外的风格，又很好的表现了室内的装修手法，稳重、大气的造型设计和精巧的细节处理，体现了人性化的设计。

园区档案管理中心大厦整体设计以“记忆的盒子”命名室内设计的主题。整个灵感来自建筑外观的设计风格。整个设计利用了立方体的形式演绎整个室内空间。用长方体、正方体的组合造型，表现现代、简洁、大方的空间造型。档案中心大楼以档案存放为主，集办公、接待、展示等功能于一体。体现多元功能和社会化服务功能。室内装饰色调以灰色为主基调，配以暖色的点缀搭配，体现大楼的亲和力。

设计控制主要有三个方面：1.节能降耗方面；2.环保方面；3.造价控制方面。选用材料时要规格化、模数化，尽量控制招标产品的适用范围。现场施工的成品化装配，缩短施工周期、降低施工成本。主材设计通用化，使主要设计元素能够贯穿整个设计中。在节点构造方面合理化，降低施工难度，节约时间。七层位于大楼裙楼的顶层，整体结构以钢结构的形式来构造。层高8.5米。室内钢柱有序排列穿插，形成一个特别的展示空间。展厅的室内装修设计充分延用原建筑的造型结构，利用有序发散形的梁柱结构装饰空间，合理最大化利用空间。地面采用深灰、中灰、浅灰色地砖铺贴。顶面采用大面积的铝板吊顶，根据梁柱结构划分块面，使整个展厅简洁有序、宽敞明亮。同时空间中的功能区域也以钢网结构形式表现，体现室内与建筑的整体统一，为以后业主使用展厅留有充足的布置空间。

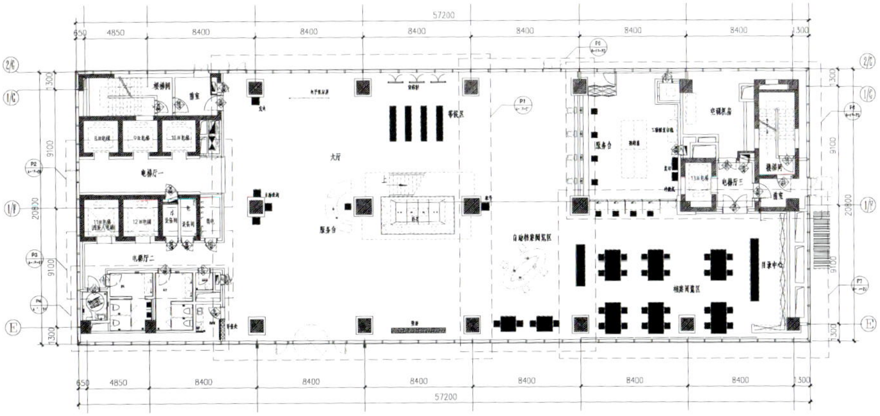

*E3*_会议室前厅；*E4*_会议室；
*E5*_休息区；*E6*_滑梯；
*E7*_电梯厅；*E8*_走廊

E1_楼盘展示；E2、3_售楼中心全貌

39/ 山海云天售楼处

项目名称：山海云天售楼处
设计师：蓝孝玉

山海云天坐落于海滨城市的繁华地段，是为都市新贵打造的名门府邸。本案试图将休闲、奢华、宁静融为一体，打造城市上层经典居所，因此作为楼盘窗口的售楼处尤为重要。空间界面上大量运用了优质洞石铺装，柔软舒适的布艺沙发将硬朗的石材柔化的刚刚好，哥特式高耸的拱门、方柱与吊顶造型交相呼应，演绎了现代豪宅的气派与和谐，让偌大的空间也不失家一般温馨的感觉。

山海云天

E1_门厅视角1；E2_楼盘沙盘

40/ 金基月亮湾售楼处

项目名称：金基月亮湾售楼处
工程地址：湖北武汉

此售楼处未来将作为茶吧，因此除了呈现全新的感观体验外，解决空间性质的转换也是本案的重点。空间以茶韵为线索，力求将东方茶文化融合在空间装饰中，比如大量影射绿色生态寓意的木格栅、变形的叶子、流水图案与泛光照明相结合营造出步移景异的视觉效果，形成具有承转变幻的空间组合。本案的照明处理可谓匠心独运，利用格栅灯、射灯等照明设施，将光线、色彩、亮度的反差，大胆地运用在虚实的光影中，突破以往用光上的概念化和格式化，通过合理的布光构思、设计，创造性地再现茶香飘远、光影斑驳、曲径通幽的空间氛围，令人回味遐思。

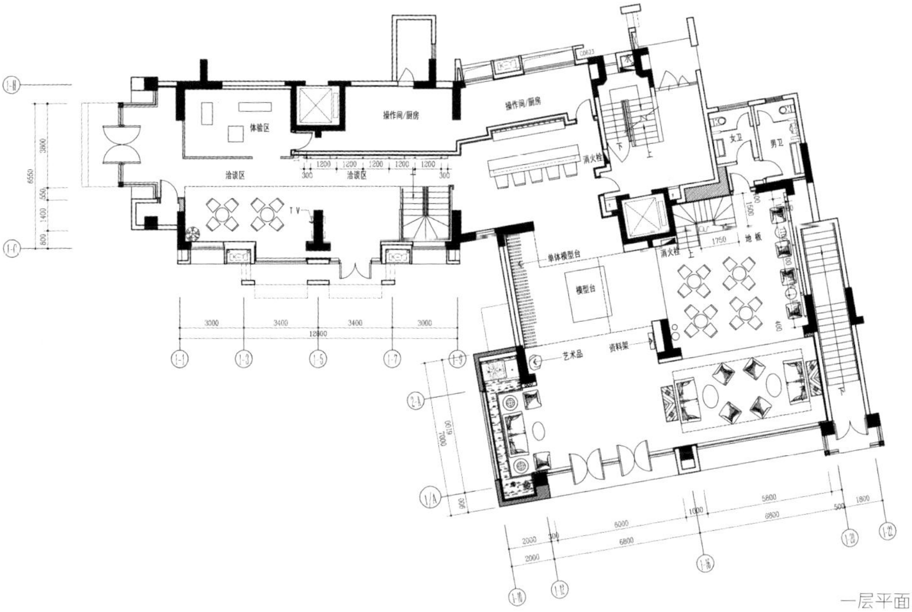
体验区
操作间/厨房
操作间/厨房
洽谈区
洽谈区
消火栓
女卫
男卫
单体模型台
模型台
消火栓
地板
艺术品
资料架

一层平面图

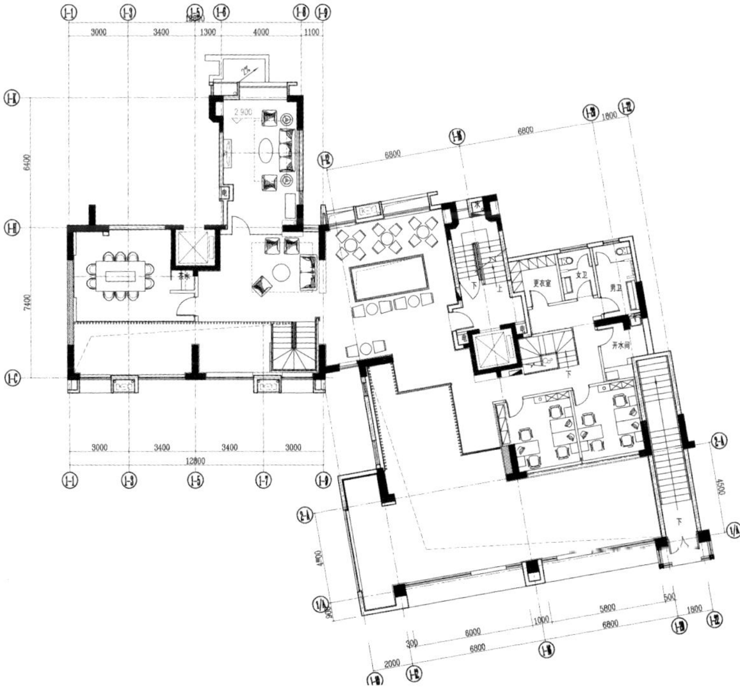
更衣室
女卫
男卫
开水间

二层平面图

E3_楼梯视角；E4、5_洽谈区（1、2）；E6_二层小景

E1_入口；E2_入口门厅；E3_接待区

41/ 某售楼中心

项目名称：某售楼中心
设计师：田宁

“裹”是本案售楼中心的总体设计理念。“裹”体现楼盘经营者的包容，让消费者更容易停留在其中。地面、墙面和天花分别被“裹”上了仿实木饰面板、石膏板等装饰材料，通过深色条状装饰板的穿插，空间形体和界面也随之丰富、灵动起来。本案设计表现手法上以时尚、简洁、美观、大方为主，该手法在配套样板间中也得到很好的体现。

精装
mimi公寓
bobocity
入口
步梯
电梯

精装
mimi公寓
bobocity

*E3*_洽谈区；*E4*_卧室样板展示*1*；*E5*_卧室样板展示*2*；*E6*_
卧室样板展示*3*

E1_正门入口；E2_总服务台

42/ 澳门中心商场

项目名称：澳门中心商场
项目地址：中国澳门

从步入商场的那一刻起，毫无吝啬的白色视觉冲击，完美地诠释了西式古典的铺张。而其间点缀的红与黑，则显得怡然自得，为这一片时尚经典注入了恰到好处的东方元素，从而制造了纯净高雅的视觉氛围。另眼再看立面装饰，采用的是各种不同矩形组合的立体构成，既让空间各部位遥相呼应、相得益彰，又各自为政、略显不同，进而强化了整体空间的协调性和凝聚力。

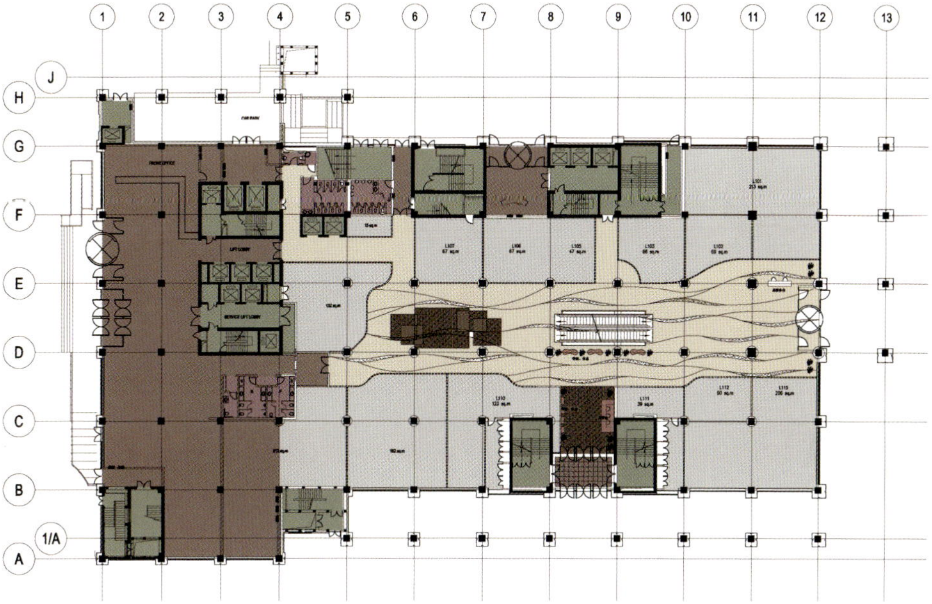
1
2
3
4
5
6
7
8
9
10
11
12
13
J
H
G
F
E
D
C
B
1/A
A

E3_商场效果；E4_中庭空间；E5_卫生间1；E6_卫生间2

*E1*_入口大厅；*E2*_院落风情；*E3*_乡野风情

43/ 关东古巷

项目名称：关东古巷
设计师：王建伟

该项目是在群力文化产业示范区内打造的一条商业气息浓郁的大型仿古内廊，该古巷再现了百年前的"闯关东"情形，集中表现东北民风民俗。古巷以历史文化为主题，由闯关东入口区、乡野区、院落区、民族风情区、演艺小吃区等部分构成。由于关东文化出于其核心地带，蒙古、俄罗斯、日本、朝鲜等异域文化也在此汇流、交融，因此整个古巷的设计中也运用了多元素的设计手法。民居中的门楼、窗格、围栏、青砖、红柱、灰瓦、欧式花砖等元素突出了关东民居文化的豪放、豁达、质朴和包容的特征。串串大红灯笼作为当时的一个重要装饰，烘托出商业街道繁荣兴旺的市井氛围。

一切属于您的选择
一切属于您的选择
不一样的个性
不一样的风采
大红梅餐厅
老字号
天然聚
东北三宝

酒

E4_少数民族风情；E5_特色休闲演绎区；E6_关东特色街；E7_关东特色小吃区

E1_入口售票处；E2_入口大厅

44/ 中建南方保利博纳国际影院

项目名称：中建南方保利博纳国际影院
项目地址：深圳市华强北商业区

保利博纳国际影院是一家大型的综合电影院，位于深圳市华强北商业区。华强北商业街被授牌“中国电子第一街”，标志着行内确认了华强北商业街在全国电子商业界的龙头地位。

店主的要求是“打造前所未有的新型影城”。如何将变化多端的娱乐色彩融入高品质的空间中呢？在影院的运营周期中采用怎样的设计才不会变得陈腐平庸，永远都能保持新鲜感呢？我们就将设计的理念定义为“空间魔术”。从整个大堂、走廊、过厅到影厅都体现出包豪斯的点、线、面理念并巧妙应用到各个空间，使空间变化多端、层次分明、错落有致，犹如魔术师神奇般的双手来打造这一切。

大堂天花尤为精彩，为了在天花板象征性地描绘出宇宙星空的特征，我们设计了一系列椭圆形蓝色光环，中心横向排列着木格栅，就像太阳系的九大行星，加上周边数落着一个个繁星般的筒灯。大堂上一楼层的休闲区域，巧妙的设计成弧线形轮廓，宛如云彩飘过大堂上空，更增加了空间的延伸性和层次感，墙面上错综复杂，丰富多彩的图案，无疑更突出“空间魔术”这个主题，这一空间的多样性，一直延续到每一个角落，对顾客而言，从大厅到影厅过程中给他们带来了独特的、充满想象的空间体验。

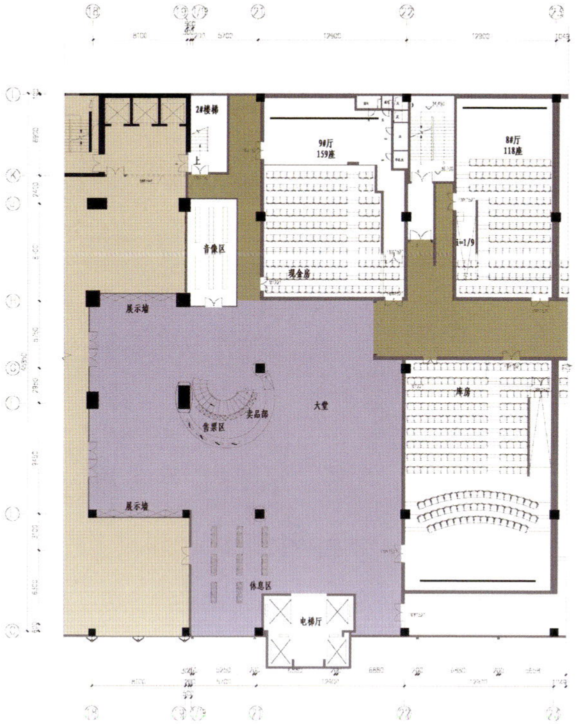
2#楼梯
上
9#厅
159座
8#厅
118座
音像区
现金房
i=1/9
展示墙
库房
卖品部
大堂
售票区
展示墙
休息区
电梯厅

VIP 售票 TICKETS
POLYBONA
POLYBONA

卖品部
POLYBONA

POLYBONA

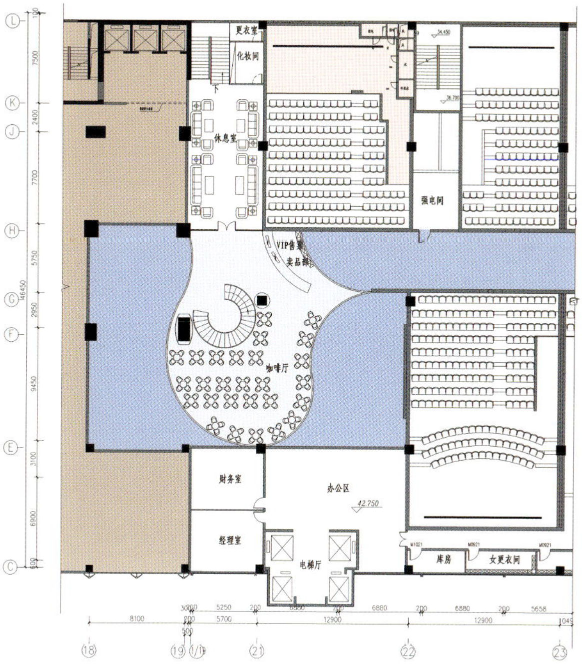

E3、4_大堂角度；E5_走廊

*E6、7、8、9*_不同的放映厅效果

E1_入口售票处；E2_入口大厅

45/ 惠州中影南国影城

项目名称：中建南方惠州中影南国影城
项目地址：广东惠州

影城大堂整个光源设计以象征着大海的蓝色调为主，从地面到墙面，再到天花，加入很多灯带，内设的LED照明变幻着灯光的色彩。犹如水流一般形象生动。将门厅内开放式的区域设计成椭圆，这样的设计显得室内空间更恬静、更柔和。椭圆形的空间通过镜面的映射而展开。为了表现出该影院的动态与静态之美，天花缤纷多彩的圆形灯带图案，联想到海底的鱼儿自由游动在你周围，又仿佛像贝壳在那远远的呼唤你。这是代表动态景象。脚下黑白相间的大理石地面，加上黄色的墙面就像踩在柔软的沙滩一样，让人倍感舒适，这些设计就是静态的象征。优雅素净的内部装饰，加上一流的服务，我们所要创造的就是能让人倍感舒心的新环境。最大的亮点是发光玻璃制成的旋转楼梯从售票柜台的上方穿过，一直通往二楼，其设计酷似巴黎“竖直花园”公寓绿色建筑内的大型旋转楼梯，采用现代风格的设计，担任然残留着一些复古的元素，螺旋型的楼梯又让人联想到大海里的海螺，总是让人畅游在海洋里一样，久久不能忘怀。

另外该影院的最终目标是，要彻底打造成最高级的电影欣赏环境。店主对室内设计十分执着，还通过与影像、音响厂家以及本公司的音响师、设备技工进行反复的讨论才完成的。

2007年2月上映
2007年2月上映
入口
ENTER

*E3*_旋转楼梯；*E4*_小剧场；
*E5*_大剧场

E1_入口；E2_入口售票处

46/ 伊金霍洛旗影剧院

项目名称：内蒙古自治区伊金霍洛旗影剧院
设计师：张磊

伊金霍洛旗影剧院是伊金霍洛旗重要的文化工程，创意源于蒙古军阵中可汗的金帐，室内设计延续这 构思，运用新材料和新工艺，表达了蒙古民族室内空间的特征和文化内涵，在满足声学要求的同时，视觉享受与空间氛围的营造更为突出。

剧场的设计力求创新，吊顶是一个完整的曲面，中央为圆环的组合灯具，体现出蒙古族对“天圆地方”的传统认识，光纤灯具营造漫天星斗的效果，如众星捧月。包厢与局部楼座设计了局部造型吊顶，“顾姑冠”的形式更表达了尊贵的艺术享受。

大堂作为“金帐”的内部空间，迎接尊贵的客人。创意来源于蒙古包内部结构及装饰元素。蒙古包顶部的圆形天窗造型被放大，利用膜结构的材质特性，与大堂的照明相结合。中心墙面网状的装饰编壁让人联想到蒙古包的“哈那”，墙面选用与建筑外墙一致的石材进行剖光处理，整体建筑及室内空间融为统一的整体。局部墙面采用象征蒙古族千古不绝、万代绵长的传统纹样卷草纹做装饰，体现吉祥如意的民族特点。

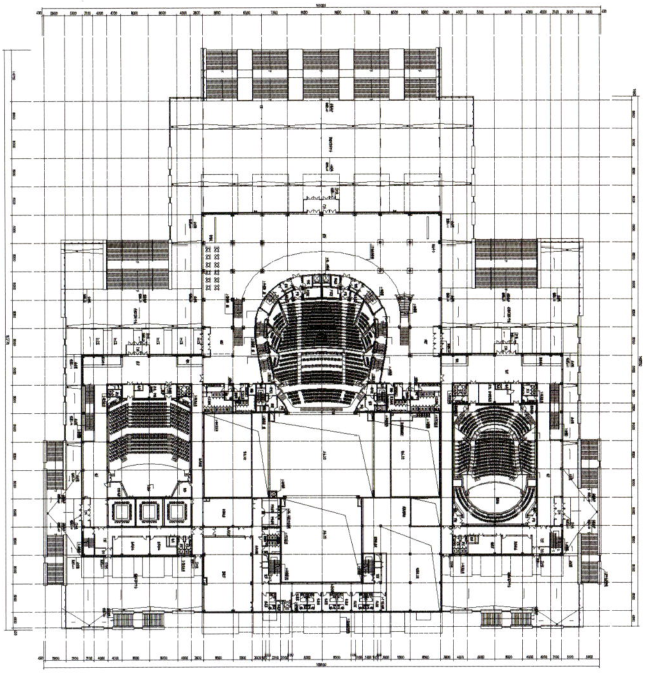

E3、4、5、6_不同的剧场

E1_一层主入口；E2_共享过厅

47/ 山水书城

项目名称：山水书城

设计师：陈远望

哈尔滨市群里新区山水书城是黑龙江省文化产业示范区首批建议项目之一，更是当地人民打造一个新概念的体验式书城。书城总建筑面积2万平方米，不仅有传统书店的综合图书销售区，还专门针对不同人群设计了青少年图书、24小时星光书店区、私家藏书屋、阅读花园、外文书店等个性区域。

设计构思从项目的名称着手，"山水"顾名思义，取自然山水的秀美及形态为设计元素，以自然的曲线表现空间的形态，使整个室内空间层次丰满，曲线流畅，充满时尚气息，给人以不曾感受的全新空间体验。

书曾经被俄罗斯著名的作家高尔基评价为"人类进步的阶梯"，此项目正是为了打造富有创造、空间丰富、立意新颖、高品质、高价值的市民进步阶梯新型书店的设计主题思想。同时，从原有建筑的形态提炼设计元素，丰富室内设计，从而使整体建筑内外有机的和谐统一。

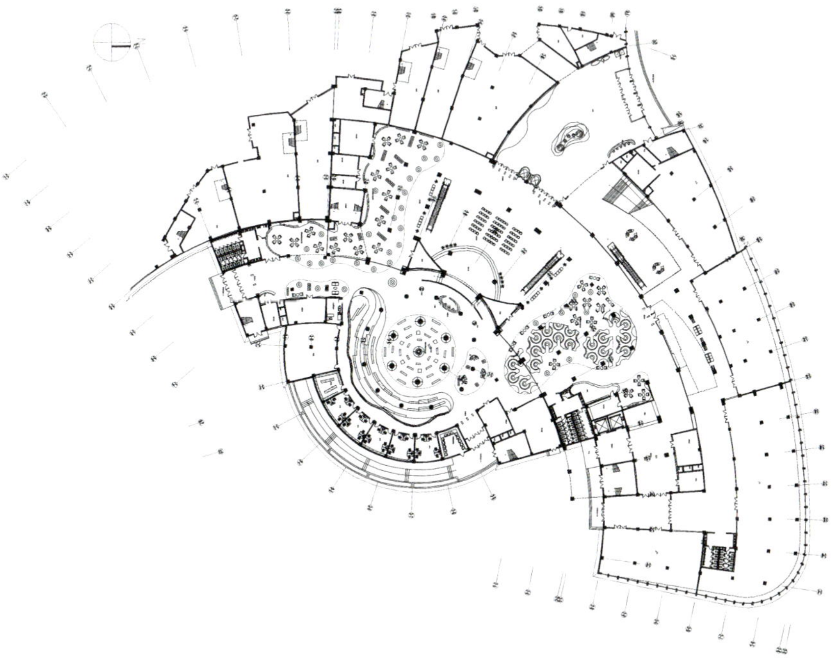

E3_共享过厅；E4_一层水吧阅读区；E5_一层阅读花园1；E6_一层阅读花园2

畅销类图书区 CHANG XIAO LEI TU SHU QU

阅读区 YUE DU QU
畅销类图书区
咨询台 ZI XUN TAI

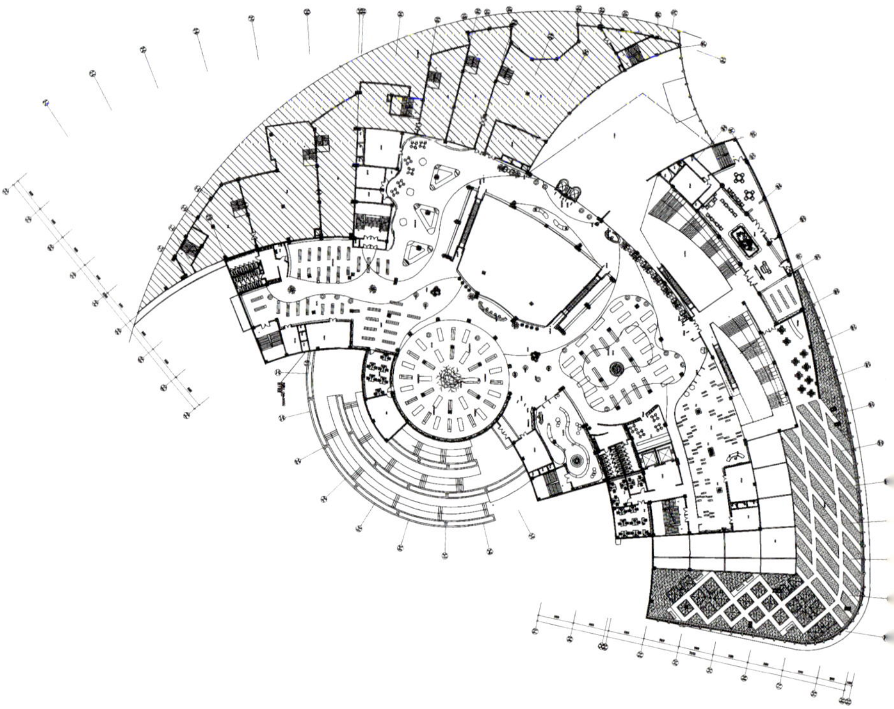

E7_二层数码体验区；E8_二层购书区；E9_二层音响区

生活休闲 SHENG HUO XIU XIAN

*E1*_入口休息区；*E2*_洽谈区

48/ 水岸银座

项目名称：水岸银座
设计师：丛宁

本案为售楼中心设计，延伸了建筑设计现代简约风格，诠释了对建筑本体的理解，使得建筑内部与外部和谐统一。

设计采用曲线与立体造型来表现单面的二维空间，大厅精心修饰的曲线立体墙面在灯光表现下，层次分明。中心软模灯柱与大厅顶软模几何发光顶的多元素的组合形成了极强的视觉冲击力，简洁的块面流畅的曲线，在灯光的直射下，营造了楼盘良好的商业营销氛围。黑、白、灰三色为主色调，贯穿了整个建筑内部空间。设计采用镂空人造石的抽象墙元素与室内空间交错，真实而富有美感，旨在创造一个流动的空间环境。

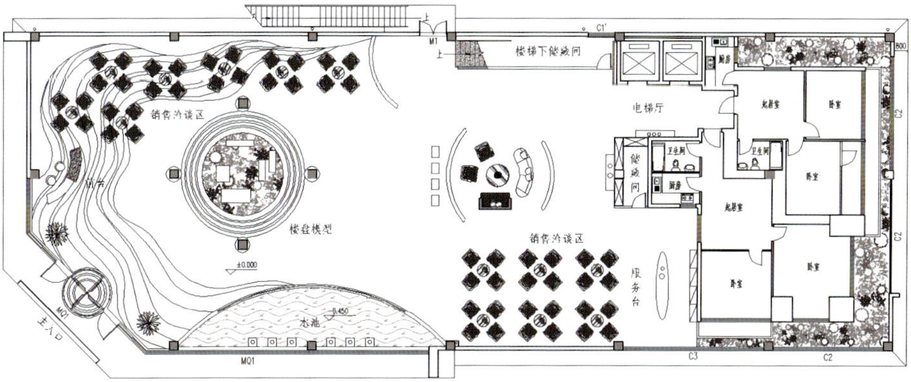
上
M1
C1'
楼梯下储藏间
厨房
800
电梯厅
起居室
卧室
C2
销售洽谈区
卫生间
储藏间
厨房
楼盘模型
±0.000
销售洽谈区
服务台
卧室
水池
0.450
MQ1
主入口
C3

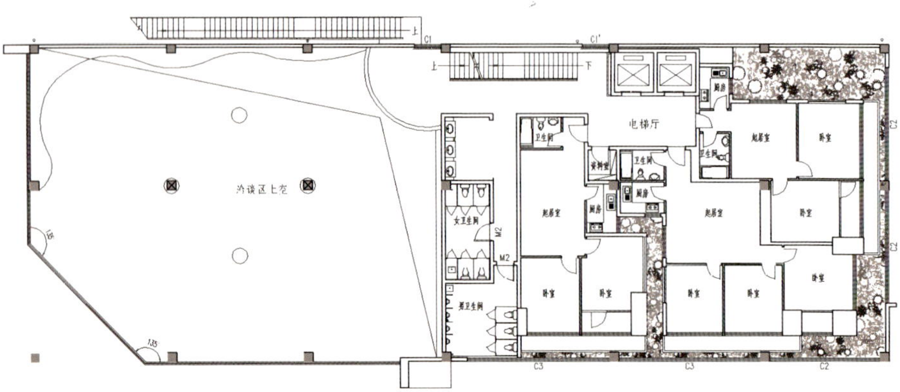

E3_洽谈区；E4、5_楼盘展示区

*E1*_购物中心外景；*E2*_内部扶梯

49/ 同德城广场

项目名称：同德城广场
设计师：何均胜

同德城广场总面积6万平方米，将成为粤西最大的商场，较具影响力和向心力的商业文化中心，被誉为“吴川的天河城”。

整体上采用目前国际流行的时尚明快的现代主义设计风格。但同时又注入深厚的商业文化元素，力求达到文化与商业的有机结合，以突出与众不同的顶级商业中心的地位。

始终贯穿时代现代，舒适购物的主题，极力通过对空间的合理划分，各重点部位的造型构思、巧妙的色彩搭配、合理的材料选用以及明亮舒适的照明效果来营造一个宽松、舒适的购物环境。以入口、公共空间、通道、柱体、扶梯口为设计主体，同时对其他部位一样进行精细的构思。

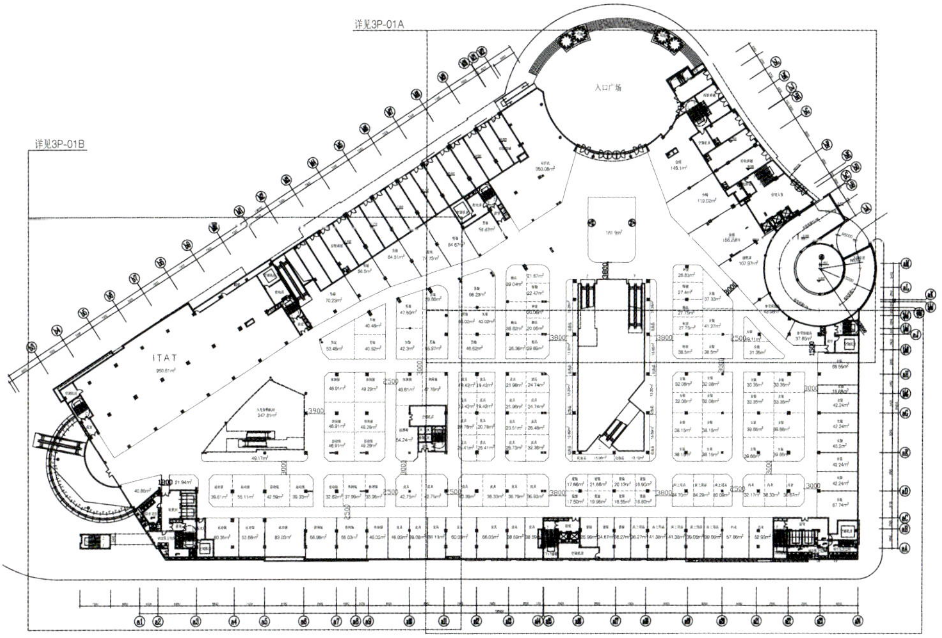
详见3P-01A
详见3P-01B
入口广场
ITAT

YIUJKE

E1_大厅；E2_咖啡吧

50/ 铜仁大剧院

项目名称：铜仁大剧院
设计师：袁琳

铜仁大剧院不仅是铜仁市对外展示风采的窗口，也是铜仁地区政府为人民提高精神文明建设的重要载体。它将为铜仁人民提供各种大中会议、音乐、舞蹈、综合性文艺汇演和展览等提供场所。

大剧院的室内设计是外部建筑设计概念的延伸，整个设计理念是以庄重并赋予时代感和东方民族文化特色为主线。当您迈入剧场的一刹那，便能感受到自然、清新律动的感觉。

设计的宗旨是在已有建筑设计的构思、理念的基础上，寻找构思主题，以建筑（装饰）形体（色彩）做抽象的表达，剧院建筑是市民文化活动的中心，怎么样引人文化内涵和艺术氛围是设计的另一主旨。室内设计力求新颖、独特、典雅，既注重整体效果又注重细节处理，将声学与美学巧妙的结合，创造一个及其巧妙的空间。

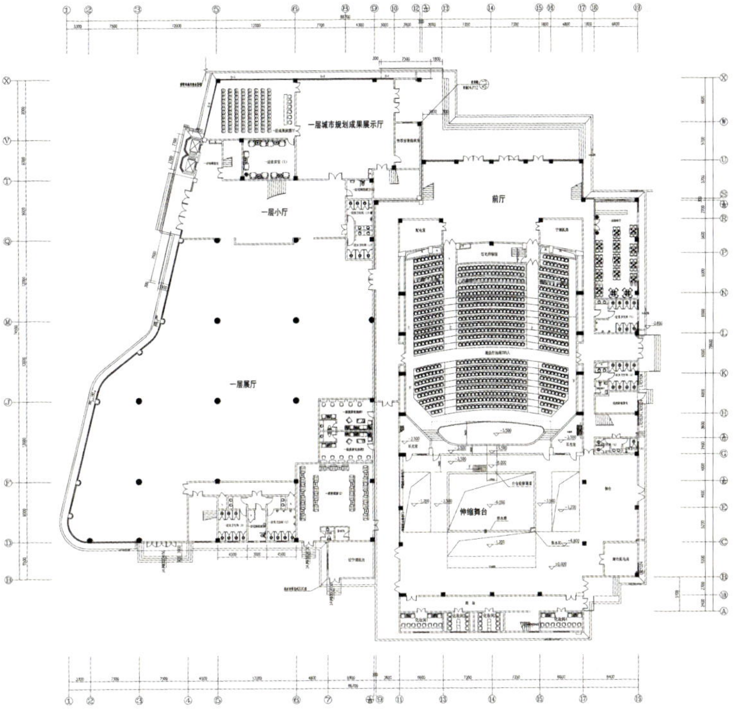
一层城市规划成果展示厅
一层小厅
一层展厅
前厅
伸缩舞台

E3、E4_不同的会议室；E5、E6_不同的演剧院

E7_贵宾接待室；E8_贵宾室；E9_一号会议室；E10_四号会议室

E1_鸟瞰；E2_江面整体透视；E3_江面沿岸透视

51/ 长江港口旅游商业地产规划

项目名称：巴东县长江港口旅游商业地产规划
设计单位：宜昌刘智铭建筑装饰设计事务所

巴东县长江港口旅游商业地产规划项目位于三峡库区的巴东县移民新城西壤坡，扼守鄂西门户，地理位置优越，占地36,000平方米。项目拟建成以港口为中心点，集客运、旅游、购物功能于一体的新型商业区。

本案特点在于建筑规划设计方案中融合了巴山楚水，独特的地理环境，规划布局上充分利用了坡地特性，所有建筑景观错落有致分布。本案合理利用自然资源，引进外来建筑理念，结合巴楚风韵，构造了全新的文化氛围，使空间性和延续性得到了很好的发挥。在细节上运用了悬挂回廊、平台连接、大型壁画、石柱浮雕等元素，通过结合现代城市规划要求，体现出源远流长的巴楚历史文化。

E4_自然江滩局部透视；E5_平台视角；E6_巴东港客运大楼；E7_商业街

巴东港
GIORDANO
Esquire
PUMA
BALENO
D'Addario
Girl Scouts
LA-Z-BOY GALLERY
Munsingwear
Edina Realty
MONTAGUT

BAZAAR
Giselle Bunde
MAYBE
MAYBE SHE'S BORN WITH IT.
MAYBELLINE SALON FINISH
S.T.Dupont
chic

*E8*_客运站透视；*E9*_酒店透视；*E10*_大堂；*E11*_餐厅

E1、2、3_展厅的不同角度

52/ 斯巴鲁4S店

项目名称：包头斯巴鲁4S店
设计单位：包头中方设计

该工程地处包头稀土开发区，占地面积1855平方米，室内层高8.5米，该项目为专门销售斯巴鲁的4S店，商店性质主要为销售及服务店。

在设计效果上，设计师充分理解“斯巴鲁”的品牌概念，在色彩、图案等方面充分表现，让步入其中的消费者立即能领略到该车的雄风，提高人们的购车欲望。

E1、2_下沉广场不同角度；E3_广场二层轻轨入口

53/ 苏州工业园区星海街商业区

项目名称：苏州工业园区星海街公共绿地及地下车库项目
设计师：包岳良、曾世峰、陈翰智、陆雅萍等

项目是苏州地铁一号线园区段星海站的配套公共商业设施。设计定位为中档结合部分中高档零售与服务配套的商业广场；连接工作与生活的换乘空间；快捷的地下交通空间、轻松舒适的购物与休闲广场。

室内设计延续景观设计的“星”与“海”的生态主题思想，合理的创造一个活跃而且异彩纷呈的现代商业空间，实现具有综合性和多样性的商业特点。

设计运用鲜亮的色彩和恰到好处的灯光处理。营造一个充满活力和情感的地下交通空间，通过增强明显的导向性标识系统，除易于识别外还强调了整体空间的流畅性和快捷性，呈现出一个“微笑”的停车场所。

SONSI
GIORGIO ARMANI
XINGHAI SQUARE
SK-II

*E3*_地下一层入口；*E4*_店铺走廊；*E5*_车库；*E6*_卫生间

B区
人行道

*E1*_全貌；*E2*_轴视图；*E3*_灯王区

54/ 施华洛世奇灯具展厅

项目名称：施华洛世奇灯具展厅
设计单位：鸣仁别墅装饰策略机构

一切的美丽来自欲望，也许，这是个神话……

这是一个读懂的讲述的过程，刚接到这个单子，心里有点被触动的感觉，施华洛世奇，一个奢华的神话，我们认为设计师有生命的，而产品更有生命。我们的任务是将产品用我们的手法注入灵魂，从而产生生命，让有生命的她和您对话。

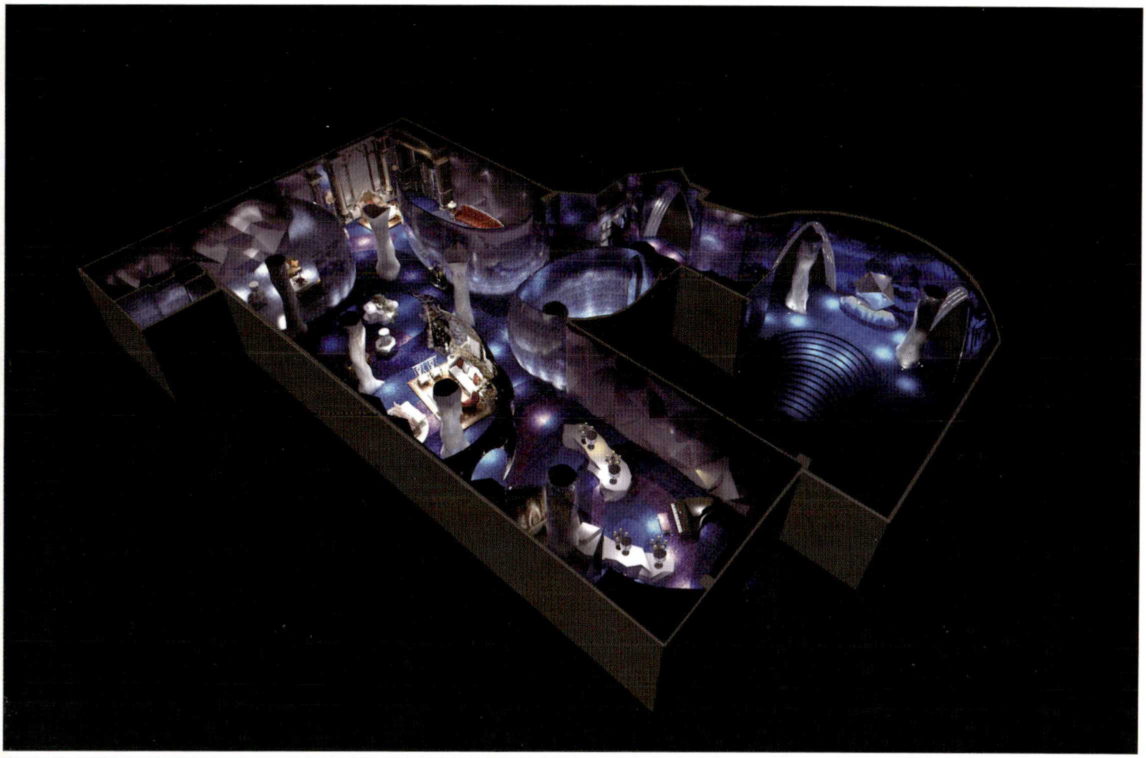

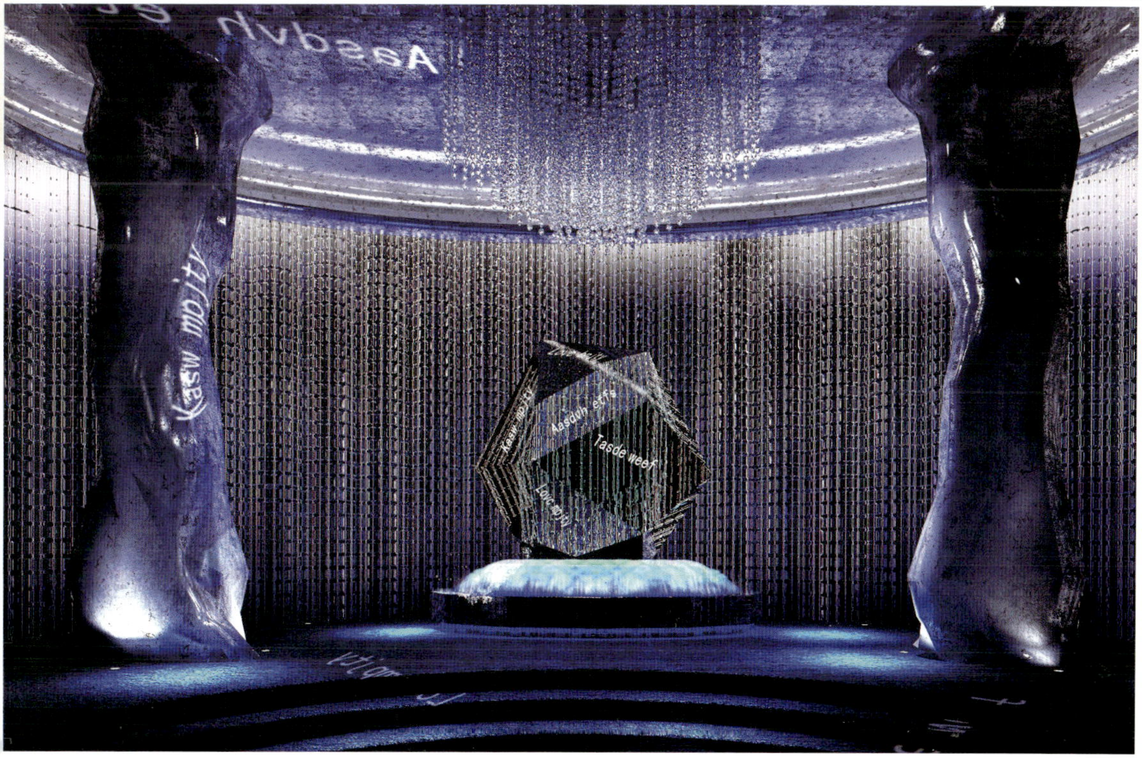
Kasw mojty
Tasde weef

效果图一灯王区

效果图一卧房区

意丰德行(EFD)国际室内设计有限公司

意丰德行(香港EFD)国际室内设计是由国内外著名的设计师组建，专业从事建筑规划、室内外设计、景观规划、创意品牌系统化设计咨询和设计服务的国际化团队。

EFD采用最新的战略设计理念，代表着新锐设计师力量，引领行业前沿，引进国际领先的设计方法与设计管理系统。

EFD致力于专业设计与教学研究，打破传统设计观念，对相关设计领域进行跨界整合，创新的室内设计驱动与设计系统化，重塑设计流程。

EFD关注国际设计发展趋势，人文价值观以及设计所承载的社会责任。

EFD倡导设计的个性与本真，树立设计师个人品牌，严格执业操守，同时寻求国际强势设计团队合作。

EFD立足中国的民族文化，以创意为中心，以专业为本，崇尚自然 、注重文化、突出个性。

EFD建立与国内外各领域的跨界合作带来与国际设计大师零距离对话。激活设计的地域特质、人文特质、发挥设计的原创性。

意丰德行EFD品牌创意中心：

意丰德行在做好室内创意设计的同时，投资成立由卢银銮主持的EFD品牌创意中心，立足中国市场结合中华文化之瑰宝，激活创意与智慧；对地域文化与优质资源进行深层调研、颠覆传统品牌路线，积极创新提高市场竞争力，使得民族品牌接轨国际形象。在经济全球化的当下，树民族品牌形象于世界之林。意丰德行整合优化创意投资环境，主动开发系列文化创意品牌，对其研发和投资。变创意为价值，变无形为有形，变无法为有法，变创意为财富，行创意资本之路......

許業武

意丰德行（EFD）品牌创始人执行董事

意大利米兰理工大学室内设计管理硕士

2004全国百名优秀室内建筑师

2006年南京市共青团市委授予“南京市新长征突击手称呼”

2008年中国十大样板房设计师50强称号

2010年-2011年度十大最具影响力设计机构

http://efd84670155.blog.sohu.com

http://www.efdh.com.cn MSN:efd1998@hotmail.com

創意惠豐 德行天下

意豐德行EFD室内設計